空间规划协调的
理论框架与实践探索

Study on the Theoretical Framework and Practical
Exploration of the Spatial Planning Coordination

魏广君　著

中国建筑工业出版社

图书在版编目（CIP）数据

空间规划协调的理论框架与实践探索／魏广君著.
—北京：中国建筑工业出版社，2019.9
ISBN 978-7-112-24070-8

Ⅰ. ① 空… Ⅱ. ① 魏… Ⅲ. ① 城市空间－空间规
划－研究－中国 Ⅳ. ① TU984.2

中国版本图书馆CIP数据核字（2019）第160822号

责任编辑：李　东　　陈夕涛
责任校对：张惠雯

空间规划协调的理论框架与实践探索

Study on the Theoretical Framework and Practical Exploration
of the Spatial Planning Coordination

魏广君　著

*

中国建筑工业出版社出版、发行（北京海淀三里河路9号）
各地新华书店、建筑书店经销
北京锋尚制版有限公司制版
北京建筑工业印刷厂印刷

*

开本：787×1092毫米　1/16　印张：10¼　字数：213千字
2020年8月第一版　　2020年8月第一次印刷
定价：45.00元
ISBN 978-7-112-24070-8
（34188）

　　当前，我国正处于全面深化改革的攻坚期、关键期。新一轮改革任务艰巨繁重。从 2013 年中央城镇化工作会议提出："建立空间规划体系，推进规划体制改革"，到 2015 年中央城市工作会议明确："完善城市治理体系，提高城市治理能力"，再到 2018 年《国务院机构改革方案》："组建自然资源部，着力解决自然资源所有者不到位、空间规划重叠等问题"，一系列政策举措和地方实践不断推进着"多规合一"工作向"空间规划体系重构"的升级。虽然多角度的空间规划整合研究已经展开，主题日渐清晰，但系统性的研究理论框架尚未建立，众多研究还处于分散化、隔离式的状态。因此，在城乡统筹的宏观背景下，空间规划体系内的"多规协调"研究亟待展开，这也势必成为规划体制创新的突破点。首先，空间规划协调研究适应了科学发展观的现实要求，是实现城乡统筹发展的有力手段和重要途径。其次，空间规划协调研究是进一步推进行政管理体制改革与制度创新、转变政府职能、创新政府管理方式、深化政府机构改革的重点内容，在国家推行的机构改革实践中占据重要位置。最后，空间规划协调研究有利于提高政府的规划管理行政能力，改善传统的多头管理、交叉管理、灰色管理环境，以实现统一协调的高效管理。

　　具体来看，研究主要包含以下七方面内容：第一，在总结、分析近年相关研究的基础之上，指出了当前空间规划协调研究的局限，并尝试探讨未来研究所需积极应对的几方面内容。第二，通过对相关文献的梳理和解读，回顾了我国空间规划体系的发展历程，借鉴了国外经验，分析了其未来的发展趋势，并指出当前中国空间规划所面临的总体困境及影响其发展的主要因素。第三，在深入剖析我国现行空间规划体系的基础上，以多规间的矛盾和问题为切入点，将相关规划在发展阶段、法规体系、实践性等方面进行完整的比较分析，从中探寻规划不协调的基本特征和实现规划协调的可行性。第四，从规划转型与政府管理制度变革内外双重视角研究探讨了空间规划协调的内在机制与外在途径。第五，尝试构建了一个新的空间规划协调体系框架、制度框架，并以冲突协调理论为基础，建立了空间规划协调的运行与评估框架。第六，以大连为例，对空间规划协调进行了实践探索，指出了环境保护总体规划的必要性，及其对空间规划体系重构的重要意义。第七，结合实际案例的应用成效，对空间规划协调实施过程的核心落脚点及国土空间规划所带来的空间规划体系重构进行了思考。

总之，规划的主要功能在于引导科学发展、控制盲目发展、协调全面发展，其目标是为了实现健康、可持续的发展。围绕目标，做好规划协调，处理好各方利益关系，对规划效能的发挥具有重要意义。

摘 要 ……………………………………………………………………… Ⅲ

第1章 导论 …………………………………………………………………… 1

1.1 时代背景与研究意义 ……………………………………………… 2
　1.1.1 面向新型城镇化的规划变革 ………………………………… 3
　1.1.2 作为规划研究的目标与意义 ………………………………… 4
1.2 相关概念的界定 …………………………………………………… 5
1.3 研究的内容与方法 ………………………………………………… 7
　1.3.1 主要内容 ……………………………………………………… 7
　1.3.2 研究方法 ……………………………………………………… 7

第2章 空间规划协调的研究进展与评述 ………………………………… 9

2.1 多角度开展的空间规划协调研究 ………………………………… 10
　2.1.1 体系平台 ……………………………………………………… 10
　2.1.2 行政指引 ……………………………………………………… 11
　2.1.3 理论基础 ……………………………………………………… 12
　2.1.4 协调机制 ……………………………………………………… 12
　2.1.5 技术支持 ……………………………………………………… 13
　2.1.6 制度保障 ……………………………………………………… 13
　2.1.7 方法途径 ……………………………………………………… 13
　2.1.8 实践探索 ……………………………………………………… 13
　2.1.9 小结 …………………………………………………………… 14
2.2 国外空间规划协调的实践 ………………………………………… 15
　2.2.1 德国的空间规划体系 ………………………………………… 16
　2.2.2 英国的空间规划体系 ………………………………………… 17

2.2.3 瑞士的空间规划体系 ……………………… 19

2.3 评述与讨论 ……………………………………… 21

2.3.1 环境规划纳入空间规划体系是关键 ……… 21

2.3.2 空间规划管理体制制度改革是根本 ……… 22

2.3.3 空间规划协调度评估是核心 ……………… 22

2.4 小结 ……………………………………………… 24

第3章 我国空间规划体系发展的总体趋势与时代困境 ………… 25

3.1 我国空间规划体系的产生与发展 ……………… 26

3.2 当前我国空间规划的总体困境 ………………… 30

3.2.1 困境之一：价值理念模糊 ………………… 31

3.2.2 困境之二：功能定位偏差 ………………… 31

3.2.3 困境之三：实施运作紊乱 ………………… 32

3.3 对困境的思考 …………………………………… 32

第4章 从规划比较看我国空间规划的基本特征 ……………… 37

4.1 相关规划的发展阶段比较 ……………………… 38

4.1.1 国民经济和社会发展规划的产生与发展 … 38

4.1.2 主体功能区划的产生与发展 ……………… 38

4.1.3 土地利用规划的产生与发展 ……………… 39

4.1.4 城乡规划的产生与发展 …………………… 40

4.1.5 环境保护规划的产生与发展 ……………… 42

4.1.6 小结 ………………………………………… 43

4.2 相关规划的法规体系比较 ……………………… 46

4.2.1 土地利用规划的法规体系 ………………… 46

4.2.2 城乡规划的法规体系 ……………………… 46

4.2.3 环境保护规划的法规体系 ………………… 49

4.2.4 小结 ………………………………………… 50

4.3 相关规划的实践性比较 ………………………… 53

4.3.1 实践内容 …………………………………… 53

4.3.2 小结 ………………………………………… 54

第5章　空间规划协调的内在机制与外在途径 **58**

　　5.1　我国空间规划自身转型的总体趋势与特征················ 60
　　5.2　规划转型背景下空间规划协调的困境与出路·········· 62
　　　　5.2.1　困境与原因分析················ 62
　　　　5.2.2　追求空间规划协调的误区解读 ········ 64
　　5.3　政府管理制度与空间规划协调··········· 66
　　5.4　政府规划管理中所存在的问题及原因解析·········· 68
　　　　5.4.1　问题的主要表现及其危害·········· 69
　　　　5.4.2　产生矛盾冲突的原因············ 71
　　5.5　现行政府规划管理制度改革的探索与局限··········· 72
　　　　5.5.1　政府管理制度改革的总体趋势 ········ 73
　　　　5.5.2　规划管理制度改革的实践探索········ 74
　　　　5.5.3　面向协调的制度探索局限········· 78
　　5.6　本章小结 ················ 79

第6章　空间规划协调的理论框架 ··························· **80**

　　6.1　空间规划协调的体系框架··········· 81
　　　　6.1.1　协调框架·············· 81
　　　　6.1.2　逻辑基础·············· 83
　　　　6.1.3　动力机制·············· 85
　　　　6.1.4　基本原则·············· 88
　　6.2　空间规划协调的制度框架··········· 89
　　　　6.2.1　基本框架·············· 89
　　　　6.2.2　核心内容·············· 90
　　　　6.2.3　内涵实质·············· 91
　　　　6.2.4　基本原则·············· 93
　　　　6.2.5　保障机制·············· 93
　　6.3　空间规划协调的运作与评估框架········· 94
　　　　6.3.1　规划协调运作框架··········· 94
　　　　6.3.2　解决冲突的方法手段··········· 95
　　　　6.3.3　规划协调度评估框架··········· 97
　　6.4　本章小结 ················ 98

第 7 章　空间规划协调的实践探索 ······················ 99

    7.1　以环境保护总体规划为契机的空间规划体系重构 ········ 100

        7.1.1　开展环境保护总体规划的必要性 ················ 100

        7.1.2　环境保护总体规划的基本特征 ················· 102

        7.1.3　环境保护总体规划的作用和意义 ··············· 107

    7.2　基于城市总体层面的空间规划协调 ················· 108

        7.2.1　规划比较分析 ···························· 108

        7.2.2　规划协调运作 ···························· 111

    7.3　本章小结 ······························· 113

第 8 章　反思——空间规划协调的基本落脚点 ············ 114

    8.1　空间规划管理的核心——空间管治 ················ 115

    8.2　以空间管治为基本落脚点的空间规划协调 ············ 117

        8.2.1　空间管治范围的一致性 ····················· 117

        8.2.2　空间管治功能的协同性 ····················· 119

        8.2.3　空间管治指标的协调性 ····················· 119

    8.3　国土空间规划——空间规划体系重构的关键突破 ······· 123

        8.3.1　制度重构 ······························ 123

        8.3.2　体系重构 ······························ 124

第 9 章　结论与展望 ······························· 126

    9.1　研究的主要结论 ·························· 127

    9.2　研究的主要创新点 ························· 130

    9.3　研究的主要局限 ·························· 131

    9.4　重识本源　展望出路 ······················· 132

参考文献 ···································· 134

附录 A　涉及空间规划体系的国家政策文件清单 ········· 146

附录 B　规划协调性分析问卷调查表 ················ 148

附录 C　图表附录 ···························· 150

后　记 ····································· 153

第 1 章

导　论

1.1 时代背景与研究意义

我国规划类型众多，相互关系复杂。据不完全统计，我国经法律授权编制的规划至少有83种，它们在名称上一般都叫作"规划"。另据国家发展和改革委员会的一项研究表明，"十五"规划工作中，国务院有关部门共编制了156个行业规划，省、地（市）、县三级地方政府编制的"十五"规划纲要、重点专业规划等7300多个[1]。因此，很难避免众多规划之间出现矛盾，而其结果也往往是让政府难以实施，让市场无所适从，让社会失去认同，最终也使"规划可持续发展的城市"变得徒有虚名。

当前，国民经济与社会发展规划、主体功能区规划、土地利用规划、城乡规划、环境保护规划是我国在社会经济发展、资源有效配置及保护等方面起主导作用的几种规划类型，国土空间规划作为新的空间规划体系中的重要统领，其价值、内涵、目标已经明确，但具体的逻辑、路径、程序、评估等内容尚未明晰，还属地方探索阶段，如广州、武汉。受价值取向、部门利益、专业限制、沟通不畅等因素的影响，规划内容表述不一、指标数据彼此矛盾、规划管理"分割"等规划"打架"问题时有发生。虽然十七大提出了完善规划体系，充分发挥国家发展规划、计划、产业政策在宏观调控中的导向作用的要求，但目前对于各个规划的分工与协作等协调方面的研究还较为缺乏，系统性的研究框架尚未建立，众多研究还处于分散化、隔离式的探索状态。

近年来一些省、市强调统筹规划，如深圳市提出要建立高度城市化地区城市规划与土地利用规划合一的规划计划调控和管理机制；上海市指出要走一条城市总体规划、土地利用总体规划、经济社会发展规划之间"三规统一"和经济、社会、环境"三规一体"的发展模式；重庆市提出在区县层面进行国民经济与社会发展规划、土地利用总体规划、城乡规划和环保规划的"四规叠合"工作；湖北省指出要不断加强各类规划之间的统筹协调，做到"四规合一"，即将主体功能区规划、土地利用规划、城市规划、国民经济和社会发展总体规划统筹考虑等。但综合来看，统筹规划的探索多停留于表面，实际操作过程中依然存在着诸多困难。基于城市总体层面的规划体系构建尚不明晰。城市总体规划、城市土地利用规划、城市环境规划之间无论是规划内容、法规体系还是实施管理，都存在着诸多矛盾。而对于绝大多数省市来说，多规协调整合的研究，无论在理论还是实践方面都尚未真正起步。

第一，在规划体系内容方面，城市经济与社会发展规划、城市发展战略（概念）规划、城市总体规划、城市土地利用规划、城市环境保护规划等规划交织在一起，引领着城市的发展与建设。一般认为，国民经济与社会发展规划用于确定发展目标和项目规模；城市总体规划用于安排项目布局和建设时序；土地利用规划用于确定耕地保护范围、用地总量及年度指标；环境保护规划用于确立环境指标，环境评价和预测，环境规划方案及实施监测。而实际上，各规划都呈现出功能作用浮华、主体内容宽泛、主要目标模糊等问题。众多规划没有做好"分内"的事，就扩大"摊子"，争担当"龙头"，纷纷做起了综合性规划。

第二，在规划法规体系方面，虽然我国的规划立法成效显著，但现有法规还远远不能适应规划工作的需要，与依法行政和按规划执行仍有很大的差距。如目前《城乡规划法》仍存在不明确、不具体、不完善之处，在规划体制、编制、实施管理等方面都需要通过配套立法加以完善和深化；土地利用规划方面还缺乏统领土地规划工作全局的、效力较高的主干法律——土地规划法；环境保护规划方面，现有的《环境保护法》的基本法功能也无法适应当前的环保需要，综合性层面的法规明显缺失，环境单行法之间也存在诸多矛盾和冲突。此外《城乡规划法》《土地管理法》《环境保护法》之间对土地开发利用、资源环境等都有所涉及，而标准却不能统一。

第三，在规划的实施管理方面，现实中存在着三个部门的机构职能趋同的问题，在日常事务管理中产生交叉，形成内耗，同时又存在管理的盲区，该管的又没能较好地管起来，不该管的又偏偏要插手，这使得政府管理效能下降，公众利益受到损害，长远战略为眼前利益所牺牲。

综合来看，城市总体规划、土地利用总体规划、环境保护规划的目标都是合理利用土地、科学进行城市空间规划、提高土地利用率、创造良好的生存空间及环境，实现城市（地区）的可持续发展。在这样一个规划目标逐渐趋同的大背景之下，作为地方政府对城市实施调控的有力政策（工具），如此众多的"规划"，将何去何从？

2018年《国务院机构改革方案》提出组建自然资源部，着力解决自然资源所有者不到位、空间规划重叠等问题，一系列政策举措和地方实践不断推进着"多规合一"工作向"空间规划体系重构"的创新探索。第十三届全国人民代表大会第一次会议批准的《国务院机构改革方案》，将国土资源部的职责、国家发展和改革委员会的组织编制主体功能区规划职责、住房和城乡建设部的城乡规划管理职责、水利部的水资源调查和确权登记管理职责、农业部的草原资源调查和确权登记管理职责、国家林业局的森林、湿地等资源调查和确权登记管理职责、国家海洋局的职责、国家测绘地理信息局的职责整合，组建自然资源部，作为国务院组成部门。虽然国土空间规划作为统领空间规划体系的目标定位已经明确，但空间规划体系内的协调理论框架、内在机制与外在途径仍需深入研究，这将成为落实顶层设计与指导地方实践的有力支撑。

1.1.1 面向新型城镇化的规划变革

1. 高度压缩的城市化进程与总体环境

目前我国正在经历的城镇化需要在较短的时间内高度浓缩地完成历史上欠账的工业

化、现代化以及全球化、信息化等进程；与此同时，还受到日益趋紧的内外环境的严重制约[2]。一方面，是改革开放以来用短暂的时间实现了经济高速增长、产业转型升级、社会转型、全球化等多维历史进程；另一方面，是未来的城镇化进程还需面对资源和能源短缺、环境承载容量有限、低碳减排以及人口问题等众多因素的紧缩压力。总之，新型城镇化背景下的城乡关系正面临前所未有的挑战。因此，规划工作者必须学习和应用各类相关先进技术，变革现有规划理论和工作方法，努力探索一条中国特色的城镇化之路[3]。

2. 政府管理体制改革与职能转变的现实要求

随着市场经济体制改革和社会经济发展转型的不断深化与推进，为建立一个更具竞争力与可持续发展的总体环境，加快政府职能转变、深化政府管理体制改革、努力建设服务型政府，提高依法行政能力，已成为政府管理制度改革的总体方向。这不仅适应了当前世界公共行政改革的发展趋势，也体现了新的社会经济发展时期对政府公共管理的现实要求。综合来看，一方面政府将从具体的经营城市主体、追求经济增长中脱离出来，强化生产服务、社会保障等基本职能[4]；另一方面，政府将着力提高行政能力，提升管理、调控的整体水平。改革机构设置、优化职能配置、深化转职能、转方式、提高效率效能，积极构建系统完备、科学规范、运行高效国家机构职能体系等都是具体的举措。

3. 规划转型的积极应对

规划作为一项政府的行政手段，其性质和功能的变化受到一定时期国家基本经济政治和相关体制的决定和影响，以一定时期政府职能的发展和变化为依据。因此，作为深化经济体制改革的基本要求，以及推进政府职能转变的重要内容，规划本身也面临转型的重大课题[5]。其实质可以简单地理解为，从纯粹的技术工具向独立的行政职能，进而向综合的空间公共政策手段演进的过程[6]。总之，规划转型是一个制度变迁的复杂过程，会受到传统文化、社会意识等诸多因素的影响，也包含了规划师本身的认知、反省、批判与扬弃。因此，规划转型必定是一项长期而艰巨的任务。

1.1.2　作为规划研究的目标与意义

第一，空间规划协调研究适应了科学发展观的现实要求，是实现城乡统筹发展的有力手段和重要途径。搞好规划协调，管好地域空间，对构建和谐社会、落实科学发展观具有重要意义[7]。

第二，空间规划协调研究是进一步推进行政管理体制改革与制度创新，转变政府职能、创新政府管理方式、深化政府机构改革的重点内容，在国家推行的"大部制"改革实践中占据重要位置。

第三，空间规划协调研究有利于提高政府的规划管理行政能力，改善传统的多头管理、交叉管理、灰色管理环境，以实现统一协调的高效管理。

总之，在新型城镇化城乡统筹的宏观背景下，"多规协调"研究亟待展开，这也势必成为规划体制创新的突破点[8]。围绕目标，做好规划协调，处理好各方利益关系，对规划功能的有效发挥具有重要意义。总之，规划的主要功能在于引导（科学）发展、控制（盲目）发展、协调（全面）发展，在满足技术、效用、价值的目标基础上，实现健康、可持续的发展才是规划研究的意义所在。

1.2 相关概念的界定

由于本研究中所运用的一些主要词汇、概念在其他情形下会有不同解释，因此，为避免曲解，本节对文中所涉及的主要词汇、概念做以说明。

空间规划：迄今为止对于空间规划的概念没有一个明确的定义，对于其具体内涵也尚未达成共识[9]。不同的组织机构基于不同的视角对空间规划有不同的理解（见表1.1）。此外，也有学者（帕齐·希利，1997；弗里德曼，2004）将其定义为"一个政治的过程"[10-11]。综合来看，虽然空间规划的定义尚未统一，但对空间规划性质的理解已基本达成共识，即空间规划应当具备综合性、协调性、政策性和长期性等主要特征。基于以上分析，本文将空间规划定义为"政府用于规范空间行为的一种手段和政策"。需要指出的是，空间规划并非一种全新的规划类型。其概念的核心在于：

（1）空间规划不应该是部门的规划，而应该成为政府的规划。即强调规划的综合性而不是部门的专项性。

（2）空间规划不仅是一种技术手段，更是一项政府的公共政策。

（3）空间规划不局限于行政界线划分的影响，更加强调关注其背后密切的经济、社会、环境联系和功能联系，同时强调跨区域、多层级的衔接与合作。

（4）可持续发展应取代各自为战的方向，成为空间规划的核心目标。

（5）空间规划必须具备空间属性，不能离开空间实体的支撑。

（6）空间规划应与时俱进，在不断地更新、调整的过程中完善、创新。

一些重要组织对空间规划的定义　　　　　　　　　　表 1.1

机构	定义
欧洲理事会 （CoE）	区域空间规划是经济、社会、文化和生态政策在空间上的体现。它的目标是为了实现区域的平衡发展以及空间安排，它是一种跨领域的综合性的规划方法。
欧盟大纲 （Compendium of the EU）	空间规划是公共部门用以影响各种行为未来的空间分布的一种手段。它的目的是为了对用地空间进行更理性的安排，包括他们之间的各种关系。促进各区域的平衡发展以及对区域环境的保护。

机构	定义
欧共体委员会（CEC）	空间规划是通过制定区域整体的发展战略来实现各个部门政策的整合与协调。
英国首相办公室（ODPM）	空间规划超越了传统的用地规划，致力于用地空间的影响空间功能和本质的各类政策和项目的协调与整合。

协调（Coordination）：即和谐一致；配合得当。指在尊重客观规律，把握系统相互关系原理的基础上，为实现系统演进的总体目标，通过建立有效的运行机制，综合运用各种手段、方法和力量，依靠科学的组织和管理，使系统间的相互关系达成理想状态的过程。

可参照熊德平教授对"协调"概念的理解，对"协调"的本质做更加深刻的理解[12]：

（1）协调是对"理想状态"的判断和把握。即为实现系统总体演进目标，各子系统或各元素之间相互协作、相互配合、相互促进而形成的一种良性循环过程。因此，"协调"首先是一种"关系"，但又不仅仅是"关系"，"关系"是"协调"的前提和基础，"协调"只是"关系"的"理想状态"和实现过程。

（2）协调以实现总体演进目标为目的，总体演进目标是协调的前提。

（3）协调对象是相互关联的系统，"协调"是系统内外联动的整体概念，孤立的事物或系统组成要素不存在协调，系统间的有机联系是协调的基础。

（4）协调必须有协调主体、手段、机制与模式。协调手段有自然的和人为的以及二者在不同程度相互配合形成的不同形式。

（5）协调是动态和相对的，是始终与发展相联系的具有时间、空间约束的概念。"理想状态"意义上"协调"的终极含义，决定了"过程"意义上的"协调"永无终极。"协调"的反面是"不协调"或"失调"，但在现实中"协调"存在一个随着协调目标及其环境条件而变化的具有一定值域的"协调度"，越过"值域"为"失调"。

和谐（Harmony）：和谐是对立事物之间在一定的条件下，具体、动态、相对、辩证的统一，是不同事物之间相同相成、相辅相成、相反相成、互助合作、互利互惠、互促互补、共同发展的关系。"协调"与"和谐"相近，但不等同。"和谐"在西文中原意为联系、匀称，现指物质运动过程内部各种质的差异部分、因素、要素，在组成一个统一整体、协调一致时的一种相互关系和属性。"和谐"强调的是在整体秩序下，整体内各部分之间关系的理想状态。将"协调"等同于"和谐"容易导致对现状的承认和维持，最终将"协调"机械化为"平衡""结构稳定"和"静态比例"，从而抑制创新。

统筹（Overall）：即统一地、全面地筹划、安排。从表层来看，就是统一筹划的意思。从深层来看，它包括了一个过程的五个步骤，即：统一筹测（预测）——统一筹划（计划）——统筹安排（实施）——统一运筹（指挥）——统筹兼顾（掌控）。"协调"与

"统筹"相关联，但后者侧重强调人为力量的"协调"，将"协调"等同于"统筹"容易导致背离事物发展的内在规律和发展目标，夸大人为力量，只关注人为的手段和方法运用的"调和""平均""按计划""按比例"和"共性化"。

整合（Integration）：整合就是把一些零散的东西通过某种方式而彼此衔接，从而实现信息系统的资源共享和协同工作。其主要的精髓在于将零散的要素组合在一起，并最终形成有价值有效率的一个整体。

合一（Combine）：即合而为一，合成一体，变多态为一。

统一（Unification）：即合为整体。与"分裂"相对。

1.3 研究的内容与方法

1.3.1 主要内容

研究主要包括以下五个方面：

第一，在近年相关研究的基础上，指出当前空间规划协调研究的局限，并尝试探讨未来研究所需积极应对的几方面内容。

第二，在深入剖析我国现行空间规划体系的基础上，选取主体功能区规划、城乡规划、土地利用规划和环境保护规划为主要研究对象，以多规间的矛盾和问题为切入点，将相关规划在发展历程、法规体系、实践性等方面进行完整的比较分析，从中探寻规划协调的可行性。

第三，尝试构建一个完整、协调的空间规划体系模型，并从规划转型与政府管理制度变革内外双重视角探寻空间规划协调的内在机制与外在途径，并初步构建了实现空间规划协调的理论框架。

第四，以大连市为例，对上述所建立的理论框架进行了实际的应用验证。

第五，结合实际案例的应用成效，对空间规划协调的核心基础进行反思。

1.3.2 研究方法

采用理论与实践相结合的方法，运用文献分析法、比较分析法、德尔菲法、规划协调评估技术、模型构建技术等。其中文献分析法、比较法、德尔菲法已发展的较为成熟。模型构建技术以及规划协调运作与评估技术是本研究的主要成果，属方法创新。主要方法如下：

（1）文献阅读与实践案例相结合的分析方法。根据阅读文献总结相关研究结果，并结合收集的大量实践案例材料进行整体分析。

（2）比较分析的方法。通过对主体功能区规划、城乡规划、土地利用规划和环境保护规划在发展历程、法规体系、实践性等方面进行完整的比较分析,从中探寻规划协调的可行性。

（3）德尔菲法。德尔菲法又名专家意见法,是依据系统的程序,采用匿名发表意见的方式,即团队成员之间不得互相讨论,不发生横向联系,只能与调查人员发生关系,以反复地填写问卷,以集结问卷填写人的共识及搜集各方意见,可用来构造团队沟通流程,应对复杂任务难题的管理技术。

（4）理论与实证结合的方法。将理论研究贯穿于整个研究的过程之中,同时辅以实际案例研究作为支撑,讨论理论成果的应用性。

第 2 章

空间规划协调的研究进展与评述

我国规划类型众多，相互关系复杂。从国家层面到地方层面，众多规划之间相互重叠、矛盾、脱节甚至冲突，"规划打架"现象尤为突出。作为国家规划系列的重要组成部分，我国的空间规划（Spatial planning）经过多年的调整和完善，虽已在引领城市社会经济发展、实现空间资源有效配置及生态保护等方面发挥了重要作用，但目前规划不协调问题已严重影响并制约了其规划效力的发挥，进而成为导致土地资源浪费、空间管理无序、环境保护失控的重要原因[13-14]。虽然十七大就曾提出完善规划体系、充分发挥国家发展规划、计划、产业政策在宏观调控中的导向作用的要求，很多规划工作者也从不同角度展开了对统筹规划的积极探索，但实际操作过程中依然存在着诸多问题。受体制分割、部门利益驱使、衔接不当等因素影响，相关研究也难以摆脱"空中楼阁"（缺乏落地）、"纸上谈兵"（缺乏支撑）的困境。

作为政府的一种行政行为，规划由于受到社会、政治和经济等内在与外在因素的多重影响，要真正实现规划协调，不仅需要规划自身的转变，还需要其所处"环境"的变革。总体来看，似乎前者的成功转变更依赖于后者的有效变革，但规划的协调问题并没有就此解决，更加需要关注的是这两方面变革之间的相互适度性，而这一点也正是被当前绝大多数规划协调研究所忽视的。

2.1 多角度开展的空间规划协调研究

长期以来，空间规划的协调问题一直被我国的规划理论与实践所关注。虽然明确地把这一议题作为中心来探讨的研究多在近几年，但早期的研究其实已有所涉及。笔者通过对相关文献、案例的索引，经归纳总结后分类，认为当前直接或间接涵盖、交叉、针对空间规划协调的研究，按其视角可划分为5大类：即从空间规划体系入手的研究、从空间规划管理入手的研究、从规划协调的基础理论入手的研究、从规划协调机制入手的研究以及从规划协调实践入手的研究。此外，也有不少对国外空间规划体系、规划协调机制、规划管理组织方式等的相关研究。需要说明的是，很多学者是从多角度展开的研究，本文的划分是为了能够更加清晰地认识当前规划协调问题的研究进展，从而为以后的研究提供基础支撑，并非刻意将其剥离。

2.1.1 体系平台

空间规划体系意指土地管制协议的集合（多米尼克，2009），它的形成和演进与一个国家或地区的社会经济、行政结构、法律体系、文化价值等因素密切相关[15]。透视我国空间规划体系的历史、现状和未来的发展趋势，有利于更加全面、系统地认识空间规划的协调问题。

首先，我国现行的空间规划体系是在长期历史发展过程中客观形成的[16]，其理论基础是国民经济和社会发展计划。虽然市场经济体制改革不断深入，但我国的空间规划体系至今仍有部分沿用了计划经济时代的思维方式[17]。其次，我国的空间规划体系正在发生着较大的变动，尤其是国家主体功能区规划的编制，对规划体系产生了较大的影响，但其结构体系的纵横交错问题一直未能得到有效解决，这严重削弱了规划的整体性，所以迫切需要重新理顺各规划之间的关系，以保证规划的科学性和权威性。再次，作为贯彻落实科学发展观的有效途径[18]，空间规划受我国转型时期政治经济体制改革，以及全球化、城市区域竞争扩大、公众参与意识提高等影响，其体系普遍倾向于朝着更高的灵活性、开放性和动态性方向转变，以适应社会和市场的变化。总之，我国的空间规划体系正面临着新的时代困境与重构机遇[19]，而如何应对当前所存在的问题，对促进规划协调具有重要意义。张可云指出，未来规划体系的改进应坚持市场、以人为本、提高竞争力和质量效益原则，朝着自上而下与自下而上结合—弹性—多目标整合—整体划——适用性提高的方向发展[20]。也有学者探讨了国家、区域层面空间规划体系的构建问题[21-25]，以及对国外空间规划体系进行的借鉴研究[26-27]。但我国空间规划体系的形成是在部门和行业规划的建设过程中，各类规划相互协调并围绕若干骨干性空间规划建设起来的[28]。规划体系的调整、完善涉及行政法律、规范等多重事项的修改。因此，建立统一协调、层次分明的空间规划体系还有很长的路要走，但可以相信，完整的体系结构必将成为空间规划协调的系统平台。

2.1.2 行政指引

规划作为政府行为，是在政府管理体制下存在和运作的。而政府管理体制所存在的问题也势必影响到规划作用的发挥[29]。因此，要搞好规划系列的相互协调，就必须先厘清各类规划管理机构之间的关系[30]。虽然在我国的规划管理体制中政府行政组织已经建立了非常明确的层级结构，但在事权划分和工作实务中仍存在诸多问题。当前不同部门分头编制的空间规划互不协调、各不认账，各级政府在规划实施与管理上的"缺位""越位""错位""补位"现象极为突出[31]，加之相关法规之间的交叉、矛盾等协调不当，我国空间规划管理整体上呈现出一种混乱的局面。对此，高中岗从建设法治政府所要处理好的政府管理内部关系角度，重点讨论了我国城市规划行政管理制度改革的三个重要途径：①在管理方式上，要建立决策和执行相分离的行政框架；②纵向结构上合理划分各级政府部门的事权；③横向结构上理顺规划部门与相关部门的关系[32]。但究其根本，条块利益的协调问题一直是我国行政管理中的传统难点。未来规划管理改革应着力破除部门意识，合理划分责权与事权。各规划管理职能主体必须明确权力边界与权力约束、权力等级与权力大小、权力作用与权力功效[33]，改变当前功能浮华、内容宽泛、目标模糊的状况，为空间规划的协调提供行政指引，这方面近年已在深圳、上海、武汉等城市的规划管理部门整合调整中卓见成效。

2.1.3 理论基础

　　规划协调要处理好多方利益关系，它包括长远利益与近期利益的协调，国家利益与地方利益的协调，相关各部门之间的利益协调，以及个体与群体（或群体与群体）、公共与市场之间的利益协调。因此，规划协调的理论基础广泛。笔者通过对相关文献的解读，认为当前对规划协调具有基础性作用的理论可概况如下：可持续发展理论、人地关系和谐理论、科学发展观理论、公共政策理论、城市与区域管治理论、协作规划理论（当然还有一些与其相关的理论，如系统论、协调理论等，对此本文不作重点讨论）。具体来看，前两者已融入当今规划之中，并成为规划行动的指南；科学发展观与五个统筹则是社会主义现代化建设指导思想的新发展，是我国针对当前社会经济的现实问题和矛盾而提出的关于如何发展的科学理论；公共政策理论是把系统论的理论与方法应用于政策科学，运用系统论的基本原理来分析和解释政策过程，即把政策过程科学化，是使"暗箱操作"透明化、逻辑化的理论形式；城市与区域管治是指区域各种不同利益集团和社会团体之间通过对话、协商与合作等方式，在政府与市场之间运用政治权威管理和控制资源，解决矛盾冲突，进行区域利益平衡再分配，最大限度地补充市场交换和政府调控不足，最终达到"双赢"的区域综合管治方式[13]，其理论的应用对改变传统规划管理的静态、封闭、孤立的状况具有重要意义；协作规划理论是既倡导规划、联络规划、辩论式规划后，由英国学者帕齐·希利（Patsy Healey）提出，用来要求不同产权所有者采用辩论、分析、评定的方法，通过合作而不是竞争来达成共同的目标。其协作主体包括私人部门、公共部门、专业机构与公众群体等[34]。虽然有学者质疑协作规划过于注重协作的过程（程序），忽视了规划结果（待解决的实质问题）[35]，但不可否认，这一理论为打破行政区划、化解部门隔阂、统一规划协调发展提供了可贵的思路。

2.1.4 协调机制

　　多年来，很多学者将规划不协调的根源归咎于各个规划指导思想和目标、编制方法、技术标准和规范、规划期限等方面的不统一或不一致，并由此提出了规划协调的技术路径，但技术理性不是规划协调的根本出路，化解规划矛盾的根本在于体制制度创新[36]。如上所述，我国有关规划协调机制的研究也正是集中在技术协调与制度协调两个方面。此外也有学者（丁成日，2009）尝试对规划协调方法、理论模型进行探讨，这也为规划协调机制的研究拓展了路径。

2.1.5　技术支持

目前关于规划协调技术与应用的研究主要涉及规划目标原则、编制内容、规划期限、标准指标（如用地分类）、数据信息、统计规范、辅助技术（RS、GIS、GPS等）等几个方面。例如王国恩就曾以广州为例，通过统一基础数据、基础分析、技术思路、规划内容等探讨"两规"衔接的技术措施[37]。然而单纯技术层面的协调已经很难使问题得到有效解决，必须研究从制度上进行改革与创新[38]。

2.1.6　制度保障

当传统规划向协商型规划转变，利用咨询、讨论、谈判、交流、参与等措施达成规划共识已被普遍认同[39]。然而由于缺乏可行的协调制度，当出现意见分歧时，多数只能是采取"抹平"的办法，结果往往使规划内容大打折扣，失去应有的功效[40]。对此，国内外众多国家和地区纷纷结合自身情况，进行了协调制度的创新探索。如德国的地方规划协调联合会制度[41]，法国的城市发展部委协调委员会制度，新加坡的跨部门综合协调总体规划委员会、发展管制委员会、建筑管制委员会制度[42]，以及我国一些省市的规划协调会议制度等。总体来看，目前已建立的协调制度可概括为以下几种模式或其中的若干组合：区域政府模式、联合行政模式、专业协调机构模式、单设区域规划协调模式、基于共识的协调模式[43]。诚然，我们不能断定这其中孰优孰劣，但不可否认，制度创新确实为规划协调提供了有力保障。

2.1.7　方法途径

探索规划协调的方法途径、理论模型，是规划协调研究的一个新的尝试。丁成日认为，多规融合需要模型支持，经规、土规、城规的整合方法和技术核心是土地供给分析、土地需求分析、土地空间分配分析，而城乡交界处则是规划整合的重点地区[44]。虽然多规协调的方法模型所涉及的分析因素众多，相互关系复杂，但相对于单纯寻求技术和制度的协调途径，这种理性的逻辑分析过程，将为规划协调提供更为科学的依据。

2.1.8　实践探索

近年来全国各地纷纷开展了各类不同形式的规划协调实践，从跨行政区的城市群到县市区，有关两规、三规，乃至多规的协调举措不断推出。其中具有代表性的有：辽中城市群空间协调规划研究，珠江三角洲城镇群协调发展规划研究，北京从"三规合一"到"五规合一"的整合构想[45]，重庆市针对四规（国民经济和社会发展规划、城乡总体规划、土地利用总体规划、环境保护规划）矛盾所提出的四规叠合路径（以社会经济发展目标为引领，以生态环境保护为制约，城乡总体规划与土地利用总体规划的空间衔接与整合为支撑的"叠合"思路。首先要合理明确社会经济发展目标；然后对社会经济发展目标进行空间量化，分析支撑发展目标的空间需求；最后综合空间供给和需求间分析，推导供需平衡的空间分配方案，并最终通过生态环境保护目标进行校核修正）[46]，上海、武汉、济南等城市的两规协调编制实施等。各方规划协调实践都在寻求区域全覆盖、城乡一张图的统筹规划方法。可以说，正是这一地方多元化的探求过程，为国家规划体系调整、完善提供了直接素材，并可通过总结提炼上升为新的理论，以更好地指导地方的规划实践[47]。

2.1.9 小结

通过以上分析不难发现，当前我国空间规划的协调研究已积累了较为丰硕的成果，多角度展开的积极探索为今后的规划协调打下了良好的理论与实践基础（图2.1）。但当前的研究依然存在诸多不足，而这些问题的解决将对未来我国空间规划的发展走向产生重要的影响。

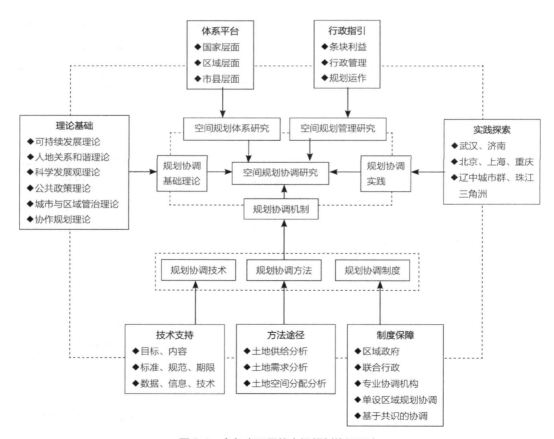

图2.1　多角度开展的空间规划协调研究

2.2　国外空间规划协调的实践

　　空间规划是社会经济、社会文化和生态政策的地理表达，因此受地域、历史文化、法律、政体的影响很大，各国的空间规划体系形成了各自的特点[48]。20世纪90年代以来，国外对空间规划的研究呈现出新的趋势（图2.2），其中空间规划的协调与整合被当作一个中心议题而备受关注。重点强调部门之间的协调和整合，不同层级空间规划之间的协调与整合，空间发展战略与具体行动方案的整合[26]。如法国成立了环保部来统一协调多个部门之间的环境政策，并建立了多重的部门协商机制[49]；德国通过《联邦空间秩序法》等法律的实施，协调各州的发展规划，还特设了规划部长会议，由各联邦州的行政主管部门部长参加，对联邦一级的规划与建设问题进行统一协调[50]；荷兰则在规划过程中引入了对话协作机制，保证相关部门、不同层级政府之间可以越过现有法律束缚开展密切的协作，如果需要还可在公共部门和私人部门之间展开合作[49]，并设立了综合性部门——住房、空间规划与环境部（Department of Housing, Spatial Planning and the Environment）。欧共体委员会（CEC）和英国首相办公室（ODPM）更是直接赋予了"空间规划"作为协调不同部门政策以及跨区域合作手段的内涵，认为"空间规划"的核心是领土融合（territorial-cohesion）和政策协调（policy coordination）。这种协调不仅包括横向的平级部门之间的协调，也包括纵向的不同层级政府之间的协调和区域内以及区域间的跨行政界线协调与合作[9]。综合来看，空间规划的协调已成为国外很多国家规划体系革新与完善的核心。以下选取在空间规划方面发展较为成熟的三个国家进行具体分析。

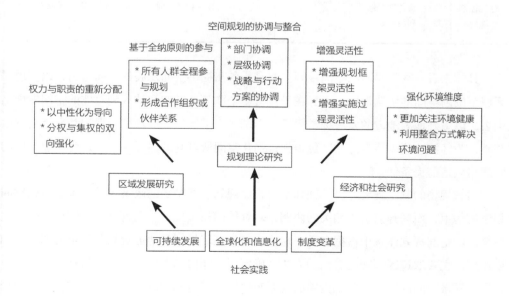

图 2.2　20 世纪 90 年代以来国外空间规划研究的新趋势

2.2.1 德国的空间规划体系

德国的空间规划是一种涉及多层次、多部门的具有综合性与公益性特征的政策工具，目前已有百年历史。作为空间规划体系最为完备的国家，德国的空间规划体系建设经验对我国空间规划工作具有积极的借鉴意义。

德国的空间规划主要是协调不断出现的空间需求和空间关系。按照制定层次与管理部门主体不同，可将德国的空间规划体系分为联邦、联邦州和地方三个层次，其中联邦州层面的空间规划又可划分为州域规划和区域规划。国家和联邦州层面的规划注重战略性，地方层面的规划强调建筑指导性，即前两个层面更关注空间的功能分区、布局与协调；地方层面更强调土地的使用和建设（表2.1）。

德国空间规划体系构成 表2.1

权限划分	行政区域层次		法律依据	主要规划任务	规划机构
战略指导性规划	联邦		联邦宪法 空间规划法	制定全国空间的整体发展战略部署；指引协调州的空间规划和各专业部门规划	联邦政府城市发展房屋交通部与各州部长联席会议共同编制
	州	州域规划	空间规划法 空间规划条例 州空间规划法	制定州空间发展方向、原则和目标；协调和确定各区域发展方向和任务；审查和批准地方规划	州规划部门
		区域规划	州空间规划法	制定区域空间协调发展的具体目标；制度和协调各城镇发展方向和任务	地区规划组织，通常为规划协会
建筑控制性规划	地方	预备性土地利用规划	建设法典 建设利用条例 州建设利用条例	调整城镇行政区内的土地利用和各项建设使用	规划局或者具体项目承担人

具体来看，联邦层面的空间规划主要是为各州提供空间发展的导向指引，以实现联邦区域范围内空间的协调发展。目标在于：将整个联邦地域空间纳入到整体的空间发展结构中去，以更好地为地方的发展提供服务；强调建立平衡的生活环境，保护和发展自然生存基础，为经济发展创造良好的区位条件；强化空间所具有的多样性特征，为欧盟整体的空间战略创造前提条件。

州域规划的制定既要遵循《联邦空间秩序规划》所制定的政策要求，也受各州空间规划法的约束，而联邦只负责相关的协调，对具体的州域规划并无直接的管辖权。州域规划在德国的空间规划体系中占据着重要地位，对于区域规划和地方规划起着重要的指导和约束作用。主要通过区划功能管治的方法，确定州空间协调发展的原则与目标、居民点空间布局、开敞空间的结构、基础设施的规划与建设。其更多的属于指导性内容，只有很少从平衡利益视角出发的指令性内容。与州域规划相比区域规划则更加具体，主要用于确定下一级的中心、居住与生态廊道的发展轴线、需要保护与控制的公共区域空间、水源与能源用地、重要的工业和服务设施用地、各项基础设施储备预留发展用地等，是空间秩序规划目标的具体化，以保证联邦空间秩序和州域规划的有效实施。

地方层面的规划包括两个部分：预备性土地利用规划和建设规划。前者是对单个城市、乡镇的空间发展和土地利用进行控制的规划。主要根据城市发展的战略目标和各种土地需求，通过调研预测，确定土地利用类型规模以及市政公共设施的规划，为土地资源的利用提供了一个基础。后者与我国城市规划中详细规划类似，采取文本与规划图则共同使用的方法，通过用地性质、容积率、总建筑面积、配套建设等规划控制指标，规范地区空间的发展。

综合来看，德国的空间规划具有一个完整的体系结构，不同层次的空间规划相互联系、彼此衔接。在规划编制方面，上层次的空间规划需适应下层次空间规划的现实要求；同时，下层次的空间规划也要遵守上层次空间规划的基本原则。为保障各层次空间规划的有效协调，德国建立了长效的部长联席会议机制：纵向上，由联邦政府负责空间规划的部长和各州负责空间规划的部长定期就空间规划问题召开会议，并出台的一系列法规与导则，为不同行政辖区内的规划整合提供了制度保证；横向上，由部长联席会议下属的若干专门委员会，负责一些规划专题的协调，几乎所有规划涉及的问题都在委员会进行充分的讨论，包括联邦层面的和各州的规划草案或法案。例如，在德国空间规划一直被视为环境保护的重要手段，而环境指标参数的制定，也都是由来自土地、市政、环卫、社会发展、交通等相关部门彼此沟通、共同参与的结果，这不仅保证了这些指标的可靠性，同时也加强了专业部门的沟通，更有利于实际管理工作的实施执行。在此可将德国空间规划的总体特征归结为以下四个方面（谢敏，2009），而这也是我国空间规划发展所需积极学习与借鉴之处。

第一，德国的空间规划体系层次合理、分工明确、脉络清晰，各种规划相互联系、彼此衔接。第二，德国空间规划的法律体系完善，不同层次的空间规划均有相应的法律制度支持。第三，德国尤其注重区域层面的规划和区域政策的制定，并将区域规划设置为法定规划。第四，德国的空间规划尤其突出规划过程中的公众参与，保证规划的透明公开性。以实现从规划编制到实施全过程的有效参与，并通过法律条文明确说明，最大限度地保护公民利益。

2.2.2　英国的空间规划体系

作为现代城市规划的发源地，自1909年英国政府颁布了世界上第一部城市规划法——《住房与城市规划法案》（*Housing & Town Planning Act*，1909）开始，城市规划被作为一项正式的政府职能而受到广泛关注。作为现代城市规划体系最为完善国家之一，英国的城市规划体系的发展演进，也伴随着与社会、经济和政治发展相适应的步伐，经历了百年历程，现已逐步成熟。

纵观百年来的演进历程，英国的城市规划体系先后经历了城镇规划大纲阶段、开发规划体系阶段、结构规划与地方规划同构的"二级"体系阶段，结构规划、地方规划和单一发展规划组成的"双轨制"阶段，以及由区域空间战略和地方发展框架构成的"新二级"体系阶段等五个阶段（图2.3）。

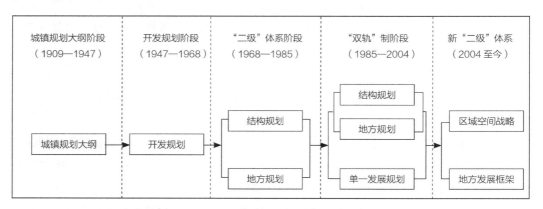

图2.3　1909年以来英国城市规划体系的改革历程

如今，英国的城市规划已建立起由核心法、从属法、专项法、技术条例以及相关法所共同构筑的完备法规体系（图2.4），以及由中央、区域、郡和区分别设置的四级规划管理行政体系，并分别在国家、区域与地方三个层面进行相应的规划编制，其中国家规划政策陈述（PPS）是国家层面的政策指引；区域空间战略是由区域政府编制的区域层面的法定规划，用以指导地方发展框架与地区交通规划；地方发展框架是区级政府编制的地方层面的法定规划，地方发展框架不仅必须在垂直方向与国家与区域的规划政策相一致，还必须在水平方向上与专项规划、战略相协调（图2.5）。

综合来看，经历了近一个世纪的发展与改革，英国城市规划体系逐渐趋于成熟，其规划法规体系趋于完善；规划行政体系改革取得的效果十分显著；规划编制的内容涉及更加广泛，不过有由微观向宏观发展的趋势；规划编制过程也得到逐渐完善，公众参与的程度得到不断加强；规划审批和执行体系也都有了较大的发展。

虽然中英两国处于不同的城市发展阶段，但是中英两国的开发控制方式都是判例式，这为中英两国的城市规划体系提供了

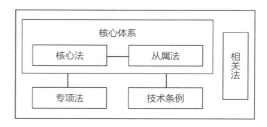

图2.4　英国城市规划法规体系的基本构成

一定的基础。本章通过对中英两国规划法规体系、行政体系、编制体系与审批和执行体系四个方面进行比较研究，得出的借鉴是：①在法规体系上，我国城市规划法规体系中可以引入规划上诉的内容；②在行政体系层面，我国可以行政区划调整上实行"省管县"改革尝试，部门合并和机构精简，加强相邻地区的区域协调合作；③在编制内容层面，总体规划中增加定量控制指引内容，分区域编制不同深度的规划内容，规划编制成果纳入实施性文件，编制内容上技术性与政策性并重；④在编制过程层面，加强公众参与，引入可持续评估，建立基于监测的动态更新机制；⑤在审批和执行体系层面，部分审批权下放，完善规划监督机制。

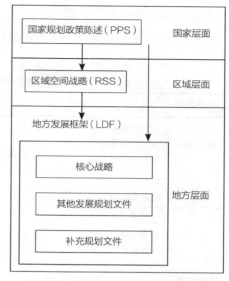

图2.5 英国城市规划的体系构成现状

2.2.3 瑞士的空间规划体系

瑞士是联邦制国家，实行联邦、州和城镇的三级政府行政管理体制。与此相对应的是瑞士的空间规划也分别从这三个层面对城镇空间的建设开发活动实行分级调控管治，对不同的地域层次和地域类型，明确相应的规划管理主体及其职责、权限，设定不同的调控手段和管理程序。主要是以《空间规划法》为依据，将国土空间划分为建设区和非建设区两大类功能区（其中非建设区可进一步划分为农业区和保护区），并通过广泛的公众参与来维护规划的透明与公正性，以此提高规划的科学性和规范性。

具体来看，在国家层面，设立联邦规划主管部门——空间规划司，主要负责制定联邦规划方案和各项全国性的专题规划，包括瑞士空间秩序方案、瑞士景观规划方案等。规划方案从联邦整体出发就相关议题提出指导性要求，并作为立法或制定相关政策的依据，是原则性、框架性的规划。重点在于形成国家空间规划策略，即引导与协调城市空间发展；强化对城镇与乡村空间的管理；突出对资源环境和生态景观的保护；关注与欧洲空间战略规划的协调性和融合性。

州的规划主管部门一般是空间规划厅，主要依据联邦法律的有关规定，制定全州的指导性规划，并上报联邦一级审批。指导性规划较联邦政府制定的规划方案更具体，任何相关的个人都有权参与指导性规划的制定过程。

城镇是空间规划管理的重点单元，和政府部门、社会组织以及企业个人直接相关。不同城镇的规划部门设置不完全相同，主要负责制定各城镇的土地使用规划，确定具体地块的规划用途，并报上级（州）审批，以保持与州一级指导性规划的一致性。而审批的过程本身就是一个寻求协商的过程，城镇可就相关内容与州政府进行协商（表2.2）。

瑞士各级政府空间规划的职责和权限　　　　　　　　表2.2

行政层级	联邦	州	城镇
制定规划	制定规划法律 制定规划原则 制定必要的规划方案和专题规划	制定指导性规划	制度土地使用规划，包括城镇建筑条例、功能区规划和特殊使用规划
审批机关	联邦议会 联邦委员会	联邦委员	经州政府审核后，由城镇委员会批准
约束对象	各相关对象 各级政府 联邦各部门以及各州和城镇政府	州各部门以及城镇政府	个人（建设单位）
空间尺度		覆盖整个辖区，大分类	仅限州指导性规划确定的建设用地，详细分类具体要求
建设许可权限	依法过问特殊的建设项目，包括大于5000平方米的购物中心，9洞以上的高尔夫球场，3千瓦以上的电站等	建设用地以外	建设用地以内

　　总体来看，空间规划体系与国家的政治体制、经济社会发展水平和城市化发展阶段密切相关。瑞士的空间规划体系把城乡空间作为一个有机整体进行统筹规划、统一管理，并建立了结构清晰、权责分明的规划管理结构。第一，在国家层面空间规划司对各州政府和各部门在空间规划方面的内容、关系方面进行协调，对矛盾冲突等问题进行依法（《联邦空间规划法》）仲裁。为此，空间规划司还建立了良好的协调机制，如联邦空间秩序协调会议机制等，还设有一个空间秩序专家组为政府提供专业咨询和建议（图2.6），这一点对于我国具有重要的借鉴意义。第二，瑞士的空间规划管理体制中，对不同层次规划功能和作用有明确的认识和规定，责权明晰，有效地抑止了规划混乱等问题的出现。第三，瑞士建立了完备的规划管理法规体系，所有层次的规划工作均需在国家法律体系框架内进行。第四，瑞士的空间规划强调广泛而有效的公众参与，私人开发商可以参与规划编制的全部过程。此外，在空间规划的审批、决策与实施过程中，联邦政府也建

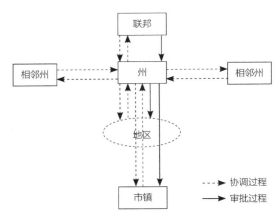

图2.6　瑞士各级规划部门之间的审批和协调关系

立了完善的监督机制，这些都是值得我国空间规划学习的地方。

2.3　评述与讨论

虽然广泛的研究已经展开，主题日渐突出，但尚未形成系统的空间规划协调研究框架，众多研究还处于分散化、隔离式的状态。

2.3.1　环境规划纳入空间规划体系是关键

当前，我国规划工作者对空间规划体系的认识还不够全面，理解也不够深入。虽然众多规划都提及生态保护，但尚未将环境规划真正纳入空间规划体系，并理顺其逻辑关系。目前空间规划协调研究的对象主要包括主体功能区规划、国土规划（土地利用规划）、区域规划、城乡规划（城镇体系规划、城市规划、村镇规划）几大类。虽然这些规划都涉及一定的环境内容，如主体功能区划中的四区划分依据、城乡规划中的环境专项等，但现行空间规划体系中，环境保护规划仅仅是其补充性内容，也往往处于被动滞后的地位。总体来看，当前我国空间规划体系中对环境的关注是粗略的，简单地依靠绿带、绿心、生态廊道等概念来囊括一切环境要素，这在一定程度上影响了环境规划应有的规范性、权威性和实施效果。而正是因为环境规划在空间规划体系中的缺失，造成了当前规划协调中并未考虑其衔接性问题，虽然"反规划"（俞孔坚，2005）提出了环境优先、先底后图的做法[51]，但实际工作中，环境退让却成为各规相互协调的一种妥协选择，即便这样违背了规划限制土地蔓延、保护生态环境的美好初衷。

要解决此种困境就必须将环境规划引入空间规划体系，并给予明确的功能定位。在空间规划体系中，主体功能区划定政策[52]，即鼓励优化、重点开发还是限制、禁止开发；土地利用规划控数量即确定耕地及矿产资源保护范围、用地总量和年度指标等；环境规划保质量，即确保环境质量达标，满足环境硬性约束；城乡规划做协调，即以土地规划和环境规划为依据，结合主体功能区划政策，统筹协调各类土地开发与空间利用，维护长期的公共利益和社会公平。可以说，这样的体系结构划分也符合科学发展观全面协调可持续的基本要求。

然而，在实际工作中各规划都呈现出功能作用浮华、主体内容宽泛、主要目标模糊等问题。在没有做好"分内"职责的情况下就盲目扩大"摊子"，争当"龙头"，做起了综合性规划。这不仅没有使规划协调问题得到缓解，反而加剧了规划间的矛盾。因此，当前规划自身改革的目标是回归到其各自的基本职能，减少涉及其他职能，如孙施文针对城市规划工作所指出的应努力减轻城市规划"不能承受之重"[53]。任何规划都是有界、有限和有度的，而绝非万能的包打天下，即便是起综合协调作用的城市规划，也是在其他相关规划的基础上编制实施的，其基本职能在于调控与分配[54]。所以，必须明晰相互间独立、交叉、叠合的内容，并在此基础上理顺相互间的逻辑关系，协调构筑空间规划体系框架。在这方面，大连结合自身发展背景，编制《大连市环境保护总体规划（2008—2020）》，将环境要素纳入空间规划体系，并积极寻求与城市总体规划和城市土地利用总体规划相协调的举措，这或许可供借鉴。

2.3.2　空间规划管理体制制度改革是根本

当前的规划协调研究，局限于条块的思索，而忽视了规划的实效作用。做好规划协调是为了使规划效能得到最大程度的发挥，而当前的研究过多地局限于对条块问题的探讨，即过于关注协调过程，而非协调的目标与结果。几乎所有涉及部门和层级的研究都试图构建一个理想的空间规划管理框架，要么以某个部门为中心来统领左右各家，要么以某个层级为中心来协调上下。但一方面，国家的行政权力正在"部门化"，部门的权力正在"利益化"[2]，空间规划管理权被各部门肢解，而各部门又都在谋求自身利益的最大化；另一方面，中央决策权力正在"地方化"，中央政府对地方城市建设的控制大大减少，地方政府已经成为城市发展的主要决策者，传统的严格按照不同层级发展计划来编制规划，已转向按照地方政府的发展目标来编制规划。然而，所有寄希望于简单的中央集权、垂直管理或分权地方、部门制衡的办法，并不能使规划协调问题得到解决。笔者认为，有效的规划协调应当以目标和问题为导向。因为每个机构或层级都想去"协调"其他各家，但没有谁愿意被"协调"。规划师的任务不是为沟通而沟通，而是为解释和翻译不同的有关人士所用的政治和技术语言，发掘和创造可行的观点，而且在需要时，做出权威性的公断[55]。当然，沟通、协商有益于规划的协调，但这并不能替代实质性的知识，也无法取代规划本身的功能和作用。

在当前的空间规划体系下，高层级的规划应考虑综合性与战略性特征，更强调全面性与平衡性；低层级的规划应注重目标性与实效性，努力打破部门障碍，形成多规融合、整合划一式的结构。总体上各规划协调统一、并行不悖，从上至下，逐步明确。在规划决策上，虽然分权改革的推行已将决策权从中央政府移交到地方，但集权与分权的政策要同时存在、互补共存[56]。此外，空间规划的有效实施也离不开广泛的社会监督、有效的公众参与和积极的市场动力。

2.3.3　空间规划协调度评估是核心

尚缺乏有关规划自身变革与体制制度（环境）变革之间的相互适度性研究。当前的研究，一部分停留在就规划论规划上，倾向于对规划技术升级与转向的探讨，还有一部分研究面向于国家政治、经济体制转型所引发的规划应对，而对于两方面变革的相互适度性、协调性的研究却鲜有涉及。正如仇保兴所指出的，规划体系整体的成功变革依赖于我国政府管理体制的变革，这两者之间的关系有待进一步阐明[57]。因此，有必要建立规划协调的评估框架，从务实客观的角度出发，综合、动态的判断空间规划协调的现实可行性和协调效果，为技术方法更新和政策举措调整提供可靠依据，真正实现协调有度。

规划协调评估的基础在于规划协调实践，关键在于对协调度的评判和把握。其过程包括：

（1）评估的视角选择。评估分析是为谁而做的？是从哪个角度去看的？即确定目标、焦点与轻重缓急。

（2）评估的参照点设定。由于评估本身也是动态过程，所以应设定某个时刻状态为参照。

（3）评估对象的分析。即分析规划自身更新的目标、内容、方法、结果等；规划体制制度变革的价值、手段、意愿、成效等。

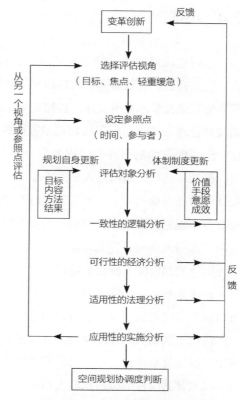

图2.7　空间规划协调度评估框架图

（4）一致性的逻辑分析。分析两个变革相互之间的逻辑和因果关系，也可称之为效应分析。

（5）可行性的经济分析。评价协调过程所需的人力、财力、信息资源、时间等，避免重复浪费，即效益/成本（效率）分析。

（6）适用性的法理分析。即判断更新与变革过程的合法性。

（7）应用性的实施分析。即分析协调举措能否被组织或部门所接受并付诸行动，采纳度如何？

（8）规划协调度判断。

当然，还需要对评估过程及时反馈，以及从其他视角或参照点进行多角度的评估。图2.7是笔者简要设计的空间规划协调评估框架，仅供参考。需要说明的是，这一评估框架还很粗糙，尚需完善。尤其是其主观成分过重，隐性关系难辨，数值分析偏弱等问题的存在，其应用也难免不会受到局限，这也是笔者今后所要研究的内容之一。

2.4　小结

　　分析空间规划协调的研究进展，剖析研究中的局限与不足，可以为未来研究辨明方向，以防盲目、无效研究和滞后研究等问题的出现。当前，空间规划协调并没有成为一个明确的议题被学术界所关注，虽然长期以来规划间的协调问题一直被提及，但总体上仍分属规划管理与政策研究和规划技术方法两大领域[①]，未来能否成为新的主题目前还难以确定。但对此方面的研究确已成为当今学术所关注的焦点之一。笔者对近年来相关文献索引、整理后发现，其研究人员主要集中在以下三类部门：①规划编制与设计单位（侧重于规划协调技术的研究）；②各级规划管理部门（关注于规划管理方面协调的研究）；③高校及各类规划科研院所（倾向空间规划体系结构和规划体制制度的研究）。近年来，来自后两类部门人员的研究成果显著增加，这实质上反映出我国规划协调研究，从传统的技术关注向体制制度倾向转变的特征。

　　总体来看，一个完整的规划协调研究框架亟待建立，而对于规划协调度的研究，似乎可以成为连接规划自身更新与规划环境变革两大研究阵地的有效纽带。

　　而由于规划协调所涉及的内容众多，以往多角度、分散化、隔离式的研究需要整合到一个以空间规划协调为中心的研究框架中来。笔者对相关文献的综述不免疏漏，对当前研究的局限及其应对的分析也较为粗略，有待进一步完善。

---

① 参考城市规划学刊分类领域索引目录：01城市与区域发展；02城市开发与土地经济；03城市设计与详细规划；04城市道路交通与基础设施；05城市发展历史与遗产保护；06城市社会、住房与社区发展；07城市规划管理与政策；08城市规划技术与方法；09城市生态与人居环境；10景观园林与旅游规划。

第 3 章

我国空间规划体系发展的
总体趋势与时代困境

不同的国家和地区对于空间规划有着不同的理解，也因此形成了不同的空间规划体系。虽然土地利用规划、城市规划等一直被当作我国空间规划体系构成的主要形式，但空间规划并不等同于此。空间规划体系的含义更为广泛，一般将其理解为，由各类空间规划组成的完整、统一与辩证的公共政策与管理体系，是在分析人地关系的作用模式基础上，对空间的演化所进行的规划活动。本章在简要回顾我国空间规划体系发展历程的基础上，通过对相关文献的梳理和解读，尝试指出当前中国空间规划所面临的总体困境，并分析影响中国空间规划发展的主要因素。

3.1 我国空间规划体系的产生与发展

我国的规划体系从无到有逐步形成，经过长期调整、完善，现已形成了由国务院及国家发展和改革委员会主导的"国民经济和社会发展规划""区域规划""主体功能区规划"，国土资源部主导的"国土规划""土地利用总体规划"，住房和城乡建设部主导的"城乡规划"，环保部主导的"环境功能区划"等共同构成的国家规划体系。我国的规划体系，从纵向看可分为国家级、省级、市县级、乡镇级、社区（村）级；从横向看可分为各行业规划，如土地规划、城乡规划、海洋（区划）规划、环境保护规划、水资源规划等不同行业规划；从类别属性上可分为自然经济属性、空间管治属性、重大问题属性、独立专门属性；从规划层次上可分为战略规划、区域规划、总体规划、详细规划、专项规划、项目规划等，这些规划试图从不同层次和不同视角对经济发展、城市建设、国土资源、环境保护、空间利用等实现引导与调控。在引领我国社会经济发展、实现资源有效配置及保护等方面发挥着重要的作用。

纵观我国规划体系的发展历程，不难发现，原本由国民发展计划所统领的综合性规划，已逐渐转变为以国民经济和社会发展规划作为战略统领，以主体功能区规划为基础，以国土规划、城乡规划、环境保护规划、海洋区划和其他各专项规划为支撑，各级各类规划定位清晰、功能互补、统一衔接的国家规划体系。

新中国成立初期，我国经济建设全面学习苏联的计划经济体制，除了1949年到1952年年底为国民经济恢复时期和1963年至1965年为国民经济调整时期外，从1953年开始第一个五年计划。

在新中国成立后的30年间，国家是实施计划经济和推进工业化的主体，城市规划作为国民经济计划的延伸和具体化，是从属于经济计划、落实经济计划、指导城市建设的技术手段。计划经济体制下政治经济和意识形态的高度一体化，决定了社会结构的简单化和利益结构的单一性。国家作为公共利益的代表，通过高度集中的计划经济和行政手段实施着对经济社会生活的管理，整合着社会利益关系。在这一体制和功能定位下的城市规划不存在独立应对社会利益格局的问题，因而也不具备分配和调节社会利益的作用[58]。

到20世纪70年代末，随着改革开放的展开，众多城市开发区如雨后春笋般在各地兴起。与此同时，国家意识到国土资源的有限性，尤其是耕地资源的宝贵。1986年成立国家土地管理局，《土地管理法》首次颁布。到目前已先后编制两轮土地利用总体规划，对保护我国的耕地资源、保障经济发展和保护生态环境方面发挥了重要的作用。目前正在开展新一轮的土地利用总体规划修编工作（2006—2020年）。1998年，九届人大一次会议第三次全体会议表决通过关于国务院机构改革方案的决定，由地质矿产部、国家土地管理局、国家海洋局和国家测绘局共同组建国土资源部。保留国家海洋局和国家测绘局作为国土资源部的部管国家局。按照机构改革方案的说明，新组建的国土资源部的主要职能是：土地资源、矿产资源、海洋资源等自然资源的规划、管理、保护与合理利用。

在关注城市规划、国土规划的同时，受环境污染等问题的困扰，面对可持续发展这一全球共同目标理念，国家于1982年成立环境保护局，归属当时的城乡建设环境保护部。直到1988年国务院机构改革时，国家环境保护局从城乡建设环境保护部中独立出来，成为国务院直属机构，1998年国家环境保护局升格为国家环境保护总局（正部级）。2008年设立国家环境保护部，为国务院组成部门。

从"十一五"起，国家将"五年计划"改为"五年规划"。从计划到规划，一字之差，充分反映出我国经济体制、发展理念、政府职能等方面的重大变革。体现了从作为组织整个社会经济活动的运行机制向作为政府促进社会经济持续协调发展的手段转变；体现了更加注重以人为本，促进全面、协调、可持续发展；体现了更加注重政府履行职责的要求，弱化市场调节的干预。可以说，改革开放以来由国家和政府主导的市场化改革和市场经济体制的建立，深刻影响了社会、政治、经济、文化等各个方面，并且制约着我国规划体系的演变和发展进程。如今，国家规划体系逐步完善，而众多规划的统筹、衔接将是当前和今后相当一段时间所要面临的重要任务（图3.1）。

而细数我国空间规划体系的建立与发展过程，不难发现，我国的空间规划体系是随着不同时期的主要矛盾与核心议题而不断调整完善的，从早期完全交由城市规划独揽空间发展的单一决策，到城市规划与土地利用规划的双规并行，如今已逐渐向主体功能区规划、土地利用规划、城乡规划、环境保护规划等多规共同参与的协同管治转变（表3.1）。而新的空间规划体系必须充分考虑各类规划的目标、功能、特征等多方面因素的作用，不能盲目曲解和忽视其各自所代表的核心利益。

具体来看，改革开放初期，以经济建设为中心已成为当时的时代主旋律，城市建设被提到了重要的议事日程。全国性的城市总体规划修编工作全面展开，城市规划迎来了一个快速发展时期。功能分区等一些新的规划理念和思想也在这一时期开始发展，并不断在各城市总体规划中得以显现。而随着社会经济的发展，到20世纪80年代初，众多城市开发

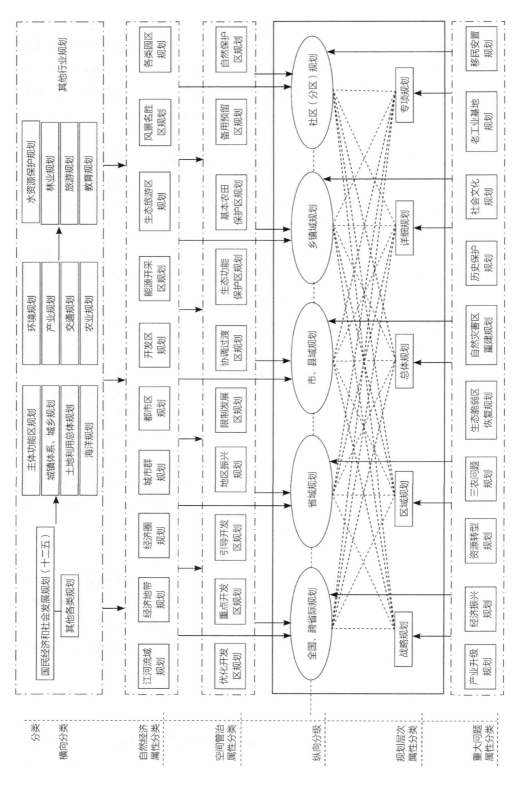

图 3.1 我国的规划体系

区如雨后春笋般在各地兴起，几乎所有城市都突破了原有总体规划的控制指标。与此同时，国家已深刻意识到土地资源的有限性和稀缺性，尤其是耕地资源保护的重要意义，于是1986年国家成立土地管理局，颁布了《土地管理法》，并编制了全国第一轮土地利用规划，以切实保护耕地，保障必要的建设用地，努力改善生态环境，提高土地利用率和生产力[163]。并在1998年由地质矿产部、国家土地管理局、国家海洋局和国家测绘局共同组建国土资源部（保留国家海洋局和国家测绘局作为国土资源部的部管国家局），主要职能是：土地资源、矿产资源、海洋资源等自然资源的规划、管理、保护与合理利用。而随着国家对土地资源保护控制的加强，城乡规划决策也受到了土地利用规划的制约。传统城市规划以人口（增长）数量推算需求（新增）用地的方式，受到建设用地指标供给安排的约束。城乡发展也由此进入相对平稳时期。

空间规划体系的发展历程　表 3.1

时序	主要矛盾	空间规划体系	核心议题
快速发展期（1978—1986）	市场与计划	城市规划	城市建设 经济增长
不断创新期（1986—2000）	开发建设与资源保护利用	城市规划—土地利用规划	耕地红线 用地指标
调整变革期（2000—2008）	社会公平 环境污染	主体功能区规划—城市规划—土地利用规划	科学发展 人居环境
更新转型期（2008—至今）	权益、利益分配	主体功能区规划—城乡规划—土地利用规划—环境保护规划	全面协调可持续发展

2000年，国家发展和改革委员会作了一个关于规划体制改革的意见，提出空间协调与平衡的理念。政府在制定规划时，不仅要考虑产业分布，还要考虑空间、人、资源、环境的协调。此后，国家发展和改革委员会针对这一构想开始大量研究。2003年1月，国家发展和改革委员会委托中国工程院研究相关的课题，在课题中提出增强规划的空间指导，确定主体功能的思路，功能区的概念也在这时开始清晰。2006年国家"十一五"规划纲要中首次明确提出了主体功能区的概念。规划指出，根据资源环境承载能力、现有开发密度和发展潜力，统筹考虑未来我国人口分布、经济布局、国土利用和城镇化格局，将国土空间划分为优化开发、重点开发、限制开发和禁止开发四类主体功能区，按照主体功能定位调整完善区域政策和绩效评价，规范空间开发秩序，形成合理的空间开发结构。可以说，这也符合了国家将"五年计划"改为"五年规划"，提高经济与社会发展计划空间可塑性的现实要求。从计划到规划，一字之差，充分反映出我国经济体制、发展理念、政府职能等方面的重大变革，也体现了从作为组织整个社会经济活动的运行机制向作为政府促进社会经济持续协调发展的手段转变；体现了更加注重以人为本、促进全面、协调、可持续发

展；体现了更加注重政府履行职责的领域，弱化市场调节的领域。

在关注城乡规划、国土规划、主体功能区规划的同时，由于土地供给有限，加之地方城市对用地需求的不断扩大，很多地区出现了城市发展向环境索取指标的现象，大量林地、湿地、生态保留区域等环境敏感地带不断被蚕食，很多城市出现了大气、土壤、水的污染现象，于是2008年国家设立国家环境保护部，并先后编制了各类（国家、区域、流域、专项）环境与生态保护规划，以加强对环境质量的管理。

但无论是现实还是法律规范中，环境规划并没有被赋予空间属性，其法律地位也明显低于城乡规划和土地利用规划。例如现有的城市总体规划、土地利用总体规划都是法定规划，在《城乡规划法》第十四条规定，直辖市的城市总体规划由直辖市人民政府报国务院审批。省、自治区人民政府所在地的城市以及国务院确定的城市的总体规划，由省、自治区人民政府审查同意后，报国务院审批。《土地管理法》第二十一条也明确指明，省、自治区、直辖市的土地利用总体规划，报国务院批准。省、自治区人民政府所在地的市、人口在一百万以上的城市以及国务院指定的城市的土地利用总体规划，经省、自治区人民政府审查同意后，报国务院批准。因此，为提高环境规划的法律地位和作用，完善环境规划编制体系，实现环境规划从污染防治型规划向基础型、空间型、经济导向型规划的转变，达到全域谋划环境保护工作的目的，国家环境保护部对城市环境保护总体规划研究进行了专项支持。一些城市（如大连）开展了城市环境保护总体规划的研究与编制工作，以实现城乡规划、土地利用规划、环境保护规划在城市总体层面的对接，使环境保护规划的地位得以提升，从而改变长期以来环境保护规划滞后以及权威性不足等问题。同时也为环境影响评价提供有力依据，改变以往进行环评时所涉及、依据的法规、政策、标准、规范等基础数据和评价指标的松散、凌乱状况。最终也为整合地方空间管治体系，实现由传统孤立、分散、专项的空间管制，向综合、统筹、协调的空间管治转变，做出了积极探索。相信这也是当前及未来一段时间内，我国空间规划体系所需积极调整与应对的重点内容。而随着国家规划体系的不断完善，类似于海洋空间规划等一系列具有空间属性的新的空间规划类型都将被纳入其中，进行统一协调和全面思考。

3.2　当前我国空间规划的总体困境

我国不仅正在经历高速的城市化，也伴随着全球化、工业化和机动化的历程；既面对发达国家的难题，又应对发展中国家所存在的困境，同时还需处理全球气候变化、资源紧缺等现实问题。面对如此复杂的社会环境，我国的空间规划应作出何种应对？众多学者从不同角度指出了问题、提出了见解。吴志强讨论了我国规划学科在蓬勃发展的城市建设景象下潜伏的危机[176]，李建军通过对我国规划实践中若干现象的解读，指出了保持我国城市规划学的科学本质的要点[177]。此外也有很多学者展开了对发展中国规划理论的思考[54, 56, 88, 178, 179, 180, 181]，笔者通过对相关文献的梳理，基于上文所提炼的逻辑关系，分析了当前我国规划所面临的尴尬困境。

3.2.1 困境之一：价值理念模糊

人类永远在寻找美好的城市，也从未停止对"乌托邦"理想的探求，在这一过程中一些新的理念也应运而生。在贫穷的社会，人们关心基本的生存问题：健康、居住、扫盲；富裕一些的社会则更关心与他们切身相关的问题：环境、人权、文化和高等教育。但富裕社会和贫穷社会一样，都高度重视自己的问题，环境状况自然是其中之一，另一个是社会持续的不平等[182]。而随着20世纪80年代可持续发展理念的流行，关于城市可持续性、可持续城市、城市可持续发展的研究也不断推进，杨东峰认为在国际城市研究领域中正在形成一种新的研究范式——可持续与城市。可以说，这是理念创新为理论与实践发展所带来的机遇与挑战[183]。

魏立华将我国规划"理念"的演进划分为：封建理念的历史基点——城市计划经济与新自由主义的徘徊——新自由主义策略引导——可持续发展与社会公平理念契入四个阶段。然而随着近年来生态、宜居、循环、可再生、可持续、低碳等词语的不断涌现，原本作为规划理论与实践方向引导的规划核心理念也变得模糊。有学者提出建设我国本土化城市形态的新理念，认为新的本土化的城市=生态循环+循环社会+城市记忆+时代性空间+民族性文化符号+人居亲情+传统建筑文化符号+空间人性+自然的回归[184]。也有学者认为，现阶段我国理想城市理念应当包括"繁荣""和谐""永续"三个方面[185]。虽然在尚缺乏"理论"的我国规划学界，城市发展"理念"的归总评价更为重要[186]，但理念的泛化似乎正在演变为一场玩弄辞藻、宣扬口号的跟风运动。这也从源头上模糊了规划目标，弱化了规划的理性思维，是表面进步、实质落伍的。

3.2.2 困境之二：功能定位偏差

我国规划类型众多，相互关系复杂。据不完全统计，我国经法律授权编制的规划至少有83种。"十五"规划工作中，国务院有关部门共编制了156个行业规划，省、地（市）、县三级地方政府编制的"十一五"规划纲要，重点专业规划等7300多个。一方面，规划师对规划职能的理解发生了扭曲。规划本身被当成了目标，变成完全为市场服务、拉动经济增长的工具，而忽略了其调控和再分配的功能。于是出现问题，规划就成为众矢之的，广州新建小区排水不当，被雨水所淹，引发居民对居住区规划的指责，就是一个很好的案例。长此以往，谁能保证我国的规划行业，不会失去社会的认同？另一方面，规划师对规划自身的定位有了偏差。众多规划呈现出功能作用浮华、主体内容宽泛、方向目标模糊等问题。没有做好本规划"分内"的事，就盲目扩大"摊子"，做起了综合性规划，争当"龙头"规划。其结果是地方上规划文件繁多，规划交叉、重叠、矛盾等打架现象层出不穷，而统筹规划的探索多停留在表面，实际操作过程中依然存在诸多困难。此外，从规划编制到规划实施、管理，甚至规划教育，都能看到规划市场化的倾向。可以说，"经济导向"和"政策导向"已经导致我国规划学领域后学院科学的"市场"模式和"命令"模式的形成①。尚缺乏理论方法指导的规划实践，如何处理复杂的现实问题，从而为发展中国规划理论做出贡献，是摆在每一位中国规划工作者面前的课题。

3.2.3 困境之三：实施运作紊乱

多年来，我国空间规划所存在的实施力不足以及规划协调性不强等问题一直未能得到有效解决。在高层级表现为多部门领导、各自为政的规划运作与行政管理体系，从而导致规划实施过程中对空间塑造定位等引导调控的矛盾，实质是一种空间规划行政管理权的博弈，即到底由谁主导、如何分工协作等问题还难以解决；在基础层面表现为多种规划间的重叠、矛盾或冲突，从而造成地方发展混乱，也使规划本身丧失了效力，实质是一种规划运作的紊乱，即如何理顺空间规划体系、如何进行规划协调等问题还难以回答。正如有学者（段进，1999）曾经指出的，我国的空间规划体系既缺乏宏观整体性和科学的调控与互动作用，也没有有效的衔接，从而成了分学科和分部门的规划。

3.3 对困境的思考

造成当前我国空间规划体系发展困境的原因是复杂的，因为现行的空间规划体系源自于计划经济时期，其历史惯性还不断影响着其运行的基本逻辑，无论是价值判断、范畴界定还是运作实施，都会出现各种不同形式的错误和矛盾。究其原因，笔者认为，可将其归结为以下三个方面：

首先，中国的空间规划照搬的多，自创的少，追风的多，问根的少。中国的国情是中国规划最大的理论基点[186]。然而，许多规划研究人员心浮气躁，随便的将一个因他国国情而产生的新的概念拿来，不加思索，迅速投入到国内普遍关注的热点问题中去，作为时尚，大肆宣扬。但国外的规划是"后城市化时代"的城市规划②，中国的规划必须依托对中国城市建设制度的研究[179]，在体制与发展阶段都不相吻合的情况下，盲目照搬西方

---

① 参见：董光璧．关于中国科学事业的一些思考[J]．科学对社会的影响，2004，（4）．转引自：李建军．保持我国城市规划学的科学本质——有感于当前我国城市规划实践的若干现象[J]．城市规划学刊，2006，（04）．

② 参见：仇保兴．城市经营、管治和城市规划的变革[J]．城市规划，2004（2）：8-22．转引自：魏立华．中国城市规划理论应立足国情[J]．城市规划学刊，2005（6）：54-58．

的规划概念，只能使得我国规划研究的战线越拉越长，其结果往往是前一轮改革不彻底，后一轮变革又发生。格特德罗（Gert De Roo）将现代城市的发展路径划为四个阶段（图3.2），左端为强调确定与控制的工具理性，右端为突出不确定性，尤其是参与者的表现、动机和行为的交往理性。认为今天的规划已经趋向于图中D的区域，笔者称之为模糊的规划（Fuzzy planning），因此需要有由新的决策模式所构成的新的规划理论来指导实践[190]。曹康等在研究了西方"理性"思想的发展及与规划的关系后指出，西方理性主义经历了从韦伯的工具理性、西蒙的有限理性到哈贝马斯的交往理性的发展过程，与此相对应的是规划理论由理性综合规划、系统规划、程序规划向分离—渐进式规划、联络性规划、协作规划的发展演进[191]。可以说，西方的规划理论在不断发展的过程中实现了过渡和跨越，现已形成了多元化的局面。而中国的城市规划表面上完成了过渡，走向了多样，实质上还处于一个定位不清的阶段。最具代表性的应当数当代规划师对自身角色的认知。格瑞德（Greed）[192]总结了20世纪规划师角色的变迁（图3.3）。仔细来看，中国的规划师似乎正在将所有的这些角色纳于一身，或者说尚不能为自己找到一个明确的位置。若以城市公共利益代言人而言，又有谁能说自己的所作所为是一名真正合格的规划师。美国的规划师已经由过去那种"向权利讲述真理"的角色向"要求参与决策"转变[193]。对于中国规划师而言，学习发达国家规划师的心态、强调"参与"并不为过，而如若不能与我国规划的现实困境和建设制度相协调，不适时宜地借用更多的概念也只能是"旧伤未愈，又添新痛"。

从整体来看，我国现代规划发展的起点是在从国外引进整体性框架后嫁接起来的，并不是在自己的社会、经济、政治框架中自发生成的。正如孙施文教授所指出的，就中国规划的状况而言，尚未真正走上理性之路，因此，规划迫切需要的是理性化，而不是反理性

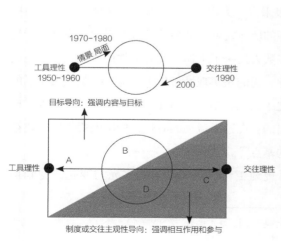

图 3.2 规划理论与实践的发展历程

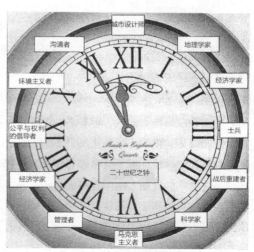

图 3.3 规划师角色一个世纪内的变迁

化[92]。所以中国的规划应多一些稳步推进，少一些随波逐流。

其次，中国的规划工作者尚未对规划本身有一个准确的认识。近年来，关于发展中国规划理论的疾呼不为少数，许多学者给出了自己的见解。如朱介鸣分析了市场经济下中国规划理论发展的逻辑，认为中国土地资源极其稀缺、人口高密度以及社会组织的儒家思想特点，追求理想城市建设必然会产生中国的规划理论[179]。张庭伟在回顾了规划理论的发展历史及评论新自由主义理论的基础上，指出中国规划师可以建立一个适合国情的混合规划理论[56]。魏立华认为，中国规划理论的发展，必然要跳出传统城市规划的狭小圈子，在更大的范围内思考城市，汲取更多相关学科的营养，规划理论才会不断创新[186]。但当前问题是，中国的规划工作者还没有建立起自己的规划理论框架。在各地的规划设计院中，绝大多数规划师认为规划理论与实践相关度不高，面对"规划理论是什么"之类的问题也无从回答。弗里德曼（John Friedmann）通过回顾过去50年里规划理论对规划职业的影响，提出了理论可以有助于规划工作领域的三个途径[188]。桑德罗（L.Sanderock）则借用一个美国社区规划师教导学生的例子，给了我们一个易懂的回答：理论的重要性在于揭示应当发生什么，而人们却总是希望它扮演社会救世主的角色。很容易想象，看见一个孩子被河水冲下，人们会想去跳入水中把他救起，而我们需要的是停止对这种行为的反应。救孩子是件好事，可那应该是某些组织（或机构）的职责，而我们需要的是找出是谁最先丢下的孩子[194]。

虽然我们有着"摸着石头过河"的成功经验，并且已经有学者提出了"科学理性"与制度安排的关系以及城市规划是一种"社会契约"的观点①，但并不代表可以在全球推广复制。一个城中村改造企业的负责人说："城中村改造对村民们来说并不仅仅意味着财富的升级，更意味着传统村民们从组织管理到生存方式，再到思想观念的全面升级。"在他看来，后者的升级与转型，比财富的升级来得更为艰难②。可以说，这也是绝大多数中国规划师想要达成的意愿，然而这正是病症的所在之处。规划师是否有权力去决策、干扰他人的生活方式？城中村改造完成了，大多数人失去了工作，而对于他们来说，似乎也就意味着失去了生活的意义。我们推进城市化，为的是实现城市化了的地？还是城市化了的人？有多少人愿意停留在钢筋水泥的丛林之中？又有多少人向往桃花源里的幽静之处？地球、城市与人如何平衡？正如张庭伟所指出的：在这个流动的时代，中国的规划师需要在为"人"还是为"地"的争论中找到自己的基点[95]。

最后，中国规划理论的发展因社会对规划工作期望和需求的多元与变化，受到挑

---

① 参考：仇保兴从法治的原则来看《城市规划法》的缺陷[J]. 城市规划，2002，（4）. 转引自：王凯. 从西方规划理论看中国规划理论建设之不足[J]. 城市规划，2006，（3）.

② 两个城中村改造项目 数十亿万富豪诞生——非暴力拆迁的深圳. 南方周末[N]. [2010-02-03]. http: //www.infzm.com/content/41166

战。由于中国幅员辽阔，东部、中部、西部各地城市经济发展阶段不同，土地使用制度也存在差异，所以规划工作的重心和办法也应有所区别，而这也与各地城市建设形象趋同、规划定位相互模仿等现象形成了明显的对比。

虽然全球规划理论家之间的活跃互动促进了世界范围规划思想的兼收并蓄，但世界上并不存在一种规划理论能包含人们所有的规划价值目标（如优美、健康、卫生、高效、公平等）或提供一个普遍统一的发展模式。规划早期所产生的理论常常把某一种价值作为第一位的目标，如公共卫生运动强调清洁卫生、改善住宅条件，城市美化运动突出对城市环境优美的关注。而近些年来理论家却试图发展一些能囊括一切好的要素的规划理论，可持续发展、新城市主义、精明增长是其中的代表。但实践很快证明，包括广泛价值观念在内的理论，不一定可以完全地变为现实。贝克与康罗伊（Berke & Conroy）在对美国30个城市的总体规划进行分析后发现，那些强调可持续发展与未强调的城市相比，其规划的原则并没有明显的差别[195]。或许是因为众多要素内部本身就存在着矛盾制约，所以难以发挥作用，就像坎贝尔（Cambell）[196]对可持续所进行的三角分析（图3.4）。但这些规划理论确实对当代城市的发展起到了重要的作用。而这些理论之所以能够流行，其原因就在于：①目标是让人憧憬的，它迎合了不同阶层和利益群体的需要；②拉近了规划者与被规划者的距离，得到了认同也就减少了障碍。不同地区、不同时期所应用的规划理论只有相对的正确性，传统的构建大一统的中国规划理论的观点具有明显的局限。当前中国的规划研究人员如果不能跳出这种理论的范式，盲目地寻求"综合式""统一式"的规划理论，对解决现实问题并无裨益。中国的规划（包括规划教育），也将失去持续发展的动力。

弗雷斯特（Forester）曾经指出，一个好的规划理论应该是可读的（Readable），可识别的（Recognizable），可以鼓舞实践者，为其带来灵感、唤起信心的（Inspirational）[194]。中国的规划理论在适应国情的基点之下也应具备这样的性质。《城市规划的基本原理是常识》[197]是对规划理论可读性的认知，它要求中国的规划理论必须清晰可辨，而不是理念般的模糊不清；《中国的城市规划理论应立足国情》[186]是对规划理论可识别性的回应，它要求中国规划工作者发展自己的理论框架和语言；《技术评价、实效评价、价值评价——关于城市规划成果的评价》[198]是对规划本身和效绩的反思，它要求规划经得起时间和实践的检验。这些都是规划工作者对发展中国城市规划所作出的积极思考，中国的城市规划需要中国自己的规划工作者来发展、壮大。

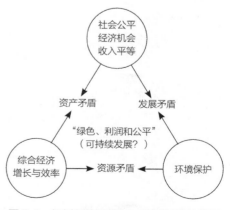

图3.4　规划师的困境——面对可持续发展

　　总之，中国的规划师应该有自己的规划哲学思想，深入了解影响中国规划发展的主要因素。首先，应掌握规划发展动向，既不能沉溺于"工具理性"的窠臼，埋头搞"设计"，又不能完全陷入"交往理性"的泥潭，完全搞"关系"；其次，需建立自己的规划理论框架，树立端正的规划观，发展中国的规划师语言；最后，应正视自己所处的中国特色的规划文化背景。在追求理想城市与理想规划的过程中，中国的规划师应处理好理念、理论、实践、体制的逻辑关系，少一些好高骛远、急功近利，多一些实事求是、循序渐进。

第 4 章

从规划比较看我国空间规划的基本特征

对当前我国空间规划体系中的主要规划进行比较，辨析相互间差异，探寻彼此衔接、融合的有效路径，是开展空间规划协调研究的基础。本章尝试对相关规划在发展特征、法规体系以及实践性内容上进行直观性的对比，从而透视我们空间规划体系的基础特征。

4.1 相关规划的发展阶段比较

4.1.1 国民经济和社会发展规划的产生与发展

国民经济和社会发展规划（以下简称"发展规划"）是全国或某一地区经济、社会发展的总体纲要，是具有战略意义的指导性文件[59]。国民经济和社会发展规划统筹安排和指导全国或某一地区的社会、经济、文化建设工作。由于发展规划涉及经济和社会发展的总体目标，被赋予空前的战略地位和高度，使其成为统领各专项规划的依据。

第一个"五年计划（1953—1957）"和第二个"五年计划（1958—1962）"是在国务院周恩来总理亲自主持下编制的，从1963—1965年国家进行国民经济调整，从第三个"五年计划（1966—1970）"以后共实施了十二个"五年计划"，其组织编制部门都是国家计划委员会（国家发展和改革委员会）。从"十一五"起，国家将"五年计划"改为"五年规划"，实现了从指令性的计划安排向指导性的战略纲领转变，对市场的直接干预弱化，对政府的约束力提升，对社会和人民群众的诉求和期盼增强。到目前为止，我国已编制实施了十二个"五年计划"。"五年规划"的指导思想是"发展才是硬道理"，是规划区发展的"主动规划"，是协调政府各部门、社会各单位以及规划区内各单元利益的综合性规划，由各级发展和改革委员会（过去的计划委员会）组织编制。当然，规划区发展的关键是产业发展，所以本系统的规划侧重产业发展，围绕产业发展寻求经济、社会、资源环境等方面的协调发展，规划的"弹性"较大。规划的内容一般包括规划背景判断、规划目标、产业重点、空间布局、公共设施、基础设施、资源环境等多项内容。从规划编制趋势看，五年综合发展规划在强化原有的产业总量、结构、速度和效益等关键指标的前提下，更关注规划的综合协调性、空间约束性、规划可操作性，并进行围绕五年发展综合规划，构建不同行政层级的规划体系。

4.1.2 主体功能区划的产生与发展

2006年国家"十一五"规划纲要中首次明确提出了主体功能区的概念[60]。规划指出，根据资源环境承载能力、现有开发密度和发展潜力，统筹考虑未来我国人口分布、经济布局、国土利用和城镇化格局，将国土空间划分为优化开发、重点开发、限制开发和禁止开发四类主体功能区，按照主体功能定位调整完善区域政策和绩效评价，规范空间开发秩序，形成合理的空间开发结构。其中优化开发区域是指国土开发密度已经较高、资源环境承载能力开始减弱的区域；重点开发区域是指资源环境承载能力较强、经济和人口集聚条件较好的区域；限制开发区域是指资源环境承载能力较弱、大规模集聚经济和人口条件不够好并关系到全国或较大区域范围生态安全的区域；禁止开发区域是指依法设立的各类自然保护区域[61]。

目前，在国家推进形成主体功能区基本思路的指导下，各省、市发改部门积极开展了各自主体功能区规划的编制与实践，并对规划工作提出了严格的要求。如大连市成立了主体功能区规划工作领导小组，明确了规划的重要意义：大连市主体功能区规划是战略性、基础性、约束性的规划，是国民经济和社会发展总体规划、人口规划、区域规划、城市规划、土地利用规划、环境保护规划、生态建设规划、水资源综合利用规划、海洋功能区划、交通规划等在空间开发和布局的基本依据。开展主体功能区规划编制工作是全面落实科学发展观、构建"和谐大连"的重大举措，是基本实现城市地区间人民生活水平和公共服务均等化及区域协调发展的重要途径。主体功能区规划将体现城市坚持以人为本谋发展的根本要求，促进人口与经济合理布局，提高资源节约和环境保护意识，增强城市针对不同区域实行差异性政策、绩效评价和政绩考核等区域调控的手段[62]。

4.1.3　土地利用规划的产生与发展

土地利用规划是在一定区域内，根据国家社会经济可持续发展的要求和当地自然、经济、社会条件，对土地开发、利用、治理、保护在空间上、时间上所做的总体安排和布局，是国家实行土地用途管制的基础。其最主要的内容之一就是确定土地利用指标（耕地保护、建设用地、耕地占用量、土地整理和开垦等指标），并相应地向下级行政单元分解和分配[63]。

我国的土地利用规划是自1986年国家土地管理局成立，《土地管理法》正式颁布后开始的。至今已编制全国土地利用规划两轮（第三轮全国性土地利用规划正在编制当中）。目前，土地政策已成为国家最重要的宏观调控手段之一，土地利用规划也成为我国空间规划体系中的重要组成部分。就其发展历程来看可分为以下几个阶段[64-66]：

1. 探索阶段（20 世纪 50 年代至 1986 年）

早在20世纪50年代，我国就开展了以东北、新疆、海南等垦区建设为重点的土地利用规划。到60年代，编制了以耕作制度、改土增肥、灌溉和流域开发治理为重点内容的土地利用规划。这一时期的土地利用规划基本上是参照苏联的土地利用规划设计理论与方法，是以编制农业的土地利用规划为主，重点解决局部地区的土地利用问题。

2. 以保护耕地、保障建设用地为核心的第一轮土地利用规划（1986—1996 年）

第一轮全国性的土地利用规划是在国家全面推进经济体制改革、《土地管理法》首次正式颁布的前提下进行的。依据中共中央、国务院《关于加强土地统一管理工作，制止乱占耕地的通知》，按照我国实现社会主义现代化建设第二步战略目标以及《国民经济和社会发展十年规划和第八个五年计划纲要》的要求编写的，具有社会主义有计划商品经济下的服务型土地利用规划的特点。此轮规划初步确定了土地利用规划的基本程序、主要内容和规划方法，建立了五个级别的规划体系。但由于相关立法的滞后，规划未能得以有效实施。尽管如此，首轮全国性土地利用规划的探索确实奠定了我国土地利用规划的基础。

3. 以耕地总量动态平衡为核心的第二轮土地利用规划（1996—2005年）

第二轮全国性的土地利用规划是在贯彻落实中央《关于进一步加强土地管理切实保护耕地的通知》精神和新《土地管理法》，以及建立社会主义市场经济体制的背景下，为适应实现社会主义现代化建设第二步战略目标的发展阶段的需求，按国民经济和社会发展"九五"计划和2010年远景目标的要求编制的，具有以耕地保护为主的特点，以实现耕地总量的动态平衡。这轮规划确定了指标加分区的土地利用模式，发布了土地利用规划编制的相关规程和土地利用规划审批办法等。但由于规划的基础工作和前期研究不足，以及规划实施期间，国家提出了加快城镇化步伐、实施区域发展战略等一系列重大举措，规划指标多被突破，对市场经济体制下的规划编制方法提出了挑战。

4. 以节约和集约用地为核心的新一轮土地利用规划修编（2005年至今）

土地利用规划修编是在党的十六大提出全面建设小康社会的奋斗目标背景下提出的。十六届三中全会确立了全面、协调、可持续的发展观，并提出了"五个统筹"的要求。这一系列新思想、新要求促进了新一轮全国土地利用规划的编制工作。此轮规划重点要求[67]：切实加强规划修编前期的专题研究工作，建立包括约束性指标和预测性指标两类的土地利用规划指标体系，提高规划的科学性；开创政策导向的土地利用规划编制模式，适应现阶段国家宏观调控的需要；强调土地利用生态环境的保护和建设，体现可持续发展的思想；研究统筹区域原则下的区域土地利用政策，走向空间管制；探索土地利用规划的标准，增强规划的规范性；将地理信息系统技术全面应用于规划编制和管理之中，提供规划技术水平。

4.1.4 城乡规划的产生与发展

中国的城乡规划是2007年新的《城乡规划法》颁布后才被正式提出，以前叫城市规划。城市规划产生较早，从古代开始，经历了封建社会、资本主义社会，一直到今天，城市建设和发展都伴随着规划的进步。许多著名的城市都有先进的城市规划思想和设计理念。新中国成立后的城市规划基本上是沿用苏联的规划理念并在中国城市建设的实践中逐步发展起来[68]。概括地说，就是从计划经济下附属于国民经济发展计划中物质空间规划发展到社会主义市场经济下的物质空间与国民经济社会发展互动的规划。具体说，规划经历了以下五个时期：

（1）新中国成立后的恢复重建期（1949—1966年）

（2）"文革"后的快速发展期（1978—1986年）

（3）改革开放后的不断创新期（1986—1996年）

（4）走向市场经济的调整变革期（1996—2004年）

（5）面向科学发展的更新转型期（2004年至今）

新中国成立后由于战争的破坏，开始了大规模的恢复生产和重建工作。城市规划的任务就是以生产和生活为中心，但在这一时期，还没有全国统一的规划思想作为指导，各地区都是结合当地的需要，开展修补式建设，规划的思想开始萌动。然而，"文化大革命"使城市规划萌动的火花熄灭了，留下了十年空白。

1976年，"文革"结束。以经济建设为中心成为时代的主旋律，城市建设提到了重要的改革日程。1978年，全国城市规划大会在北京召开，全国性的城市总体规划修编工作全面展开，城市规划迎来了一个快速发展时期。在这个时期，功能分区是城市规划常被引用的名词。同时一些新的规划理念和思想也在这一时期开始发展，并不断在各城市总体规划中得以显现。

1986年到1996年期间，是全国城市规划大会后具体实践的十年。这时期规划经历了改革开放后的新形势和发展的检验，经历了由计划经济向市场经济的过渡。这些思想和改革导向使城市发展出现了前所未有的动力，几乎全国所有城市都突破了原有总体规划的控制指标，城市规划已经严重不适应发展的需要。为此，国家提出了全面进行总体规划调整的工作。由于1978年着手编制的规划有了实践的检验，因此，在这次全国性的规划调整中针对性、指导性更强，创新点不断出现。其中，城市规划区的概念、城市结构形态的描述、城市远景规划的提出，把城市由原规划的封闭体引向开放的综合体，把城市放到世界经济发展的大格局中去审视，并寻找自己城市的定位和发展目标，等等，这一系列创新性规划为城市规划的发展进步提供了范例。

1996年，我国逐步由计划经济转向社会主义市场经济，城市建设的资金投入发生根本性转变，以市场为导向的经济模式必然要求与之相适应的规划。在这个时期，房地产业的迅速发展，加之全国第一轮规划的规划期限已到，又一轮的规划编制即将开始。建设部提出了跨世纪城市总体规划的编制要求。在这一轮规划中充分体现了市场经济配置资源的特征。城市空间结构进行了前所未有的大调整，大刀阔斧、开膛破腹、伤筋动骨式的大手笔不断出现，城市改造出现了又一个新时期。

2004年，中央提出科学发展观、构建"两型社会"的要求，这为新时期城市发展指明了方向。人口、资源、环境协调可持续发展已引起社会普遍关注，城市规划又迎来新的创新期。

4.1.5 环境保护规划的产生与发展

我国的环境保护规划是伴随着环境保护工作的发展而发展的，环境保护规划经历了从无到有、从简单到复杂、从局部进行到全面开展的发展历程，大体上可以按照全国环境保护会议分为5个阶段，不同阶段有着不同的特点[69]。

（1）1973—1983年为环境规划的探索阶段。在我国环保工作开创初期的1973年召开的第一次全国环境保护会议上，提出了我国环保工作32字方针，其中前8个字"全面规划，合理布局"，对环境规划工作提出了具体要求。虽然这段时间的规划以定性为主，范围也仅限于污染治理，但为我国环境规划工作的开展开启了大门。

（2）1983—1989年为环境规划研究阶段。1983年第二次全国环境保护会议提出了"三同步"方针，表明我国对环境保护与经济建设、城乡建设之间关系的认识有了一个飞跃，对环境规划产生了深远影响。

（3）1989—1996年为环境规划的发展阶段。1989年第三次全国环境保护会议进一步明确了环境与经济协调发展的指导思想。1992年联合国环境与发展大会积极倡导可持续发展战略，会后我国率先编制并颁布了《中国21世纪议程》等重要文件，明确宣布"走可持续发展之路是我国未来和21世纪发展的自身需要和必然选择"。环境规划的指导思想上升到可持续发展的高度，技术路线从末端控制转向优化产业结构，生产合理布局，发展清洁生产和污染治理的全过程。

（4）1996—2002年为环境规划的深化阶段。1996年国务院召开了第四次全国环境保护会议，颁发了《关于环境保护若干问题的决定》，批准了《国家环境保护"九五"计划和2010年远景目标》。国家开始实施污染物排放总量控制和跨世纪绿色工程，确定了"三河"（淮河、海河、辽河）、"三湖"（太湖、巢湖、滇池）、"两区"（酸雨和二氧化硫控制区）为污染治理重点。因此，各级政府对环境规划都十分重视，要求环境规划的制定必须具体落实到项目，大大提高了规划的可操作性，并大力推进了环境规划的实施，使环境规划真正成为环境决策和管理的重要环节，成为环境保护工作的主线。

（5）从2002年开始进入环境规划全面铺开的阶段。2002年1月9日召开的第五次全国环境保护会议提出：要明确重点任务，加大工作力度，有效控制污染物的排放总量，大力推进重点地区的环境综合整治。凡是新建和技改项目，都要坚持环境影响评价制度，不折不扣地执行国务院关于建设项目必须实行环境保护污染治理设施与主体工程"三同时"的规定。

在2006年4月19日召开的第六次全国环境保护会议上，提出了环境保护发展的"十一五"规划目标，"十一五"时期环境保护的主要目标是：到2010年，在保持国民经济平稳增长的同时，使重点地区和城市的环境质量得到改善，生态环境恶化趋势基本遏制。单位国内生产总值能源消耗比"十五"末期降低20%左右；主要污染物排放总量减少

10%；森林覆盖率由18.2%提高到20%。

随着社会经济的发展、环境保护工作的深入以及环境问题的日益突出，作为社会经济环境协调发展的重要工具，环境保护规划逐渐暴露出一定的问题：

（1）规划实施缺乏法律保障。

（2）规划法律地位不足。

（3）规划编制不规范。

（4）设区的市缺少环境保护总体规划。

（5）规划协调、衔接不够。

（6）规划缺乏有效的实施监管机制。

（7）公众参与机制缺乏实质性。

4.1.6　小结

从以上几个典型规划发展历程看，国民经济发展规划从1953年开始实施五年编制，已实施了十二个规划，其编制级格最高。纵向上从国家到地方都编制规划；从横向上各部门都编制，并纳入国民经济规划中，成为子规划。编制方法、模式全国基本统一，规划系统性强，规划由人大批准实施。

土地利用总体规划从1986年开始，共编制完成了两轮。其编制级格高，纵向上从国家到地方都组织编制。各级政府组织、国土部门主管，规划由上级政府批准，编制方法全国统一。规划系统性强，各级规划衔接较好，规划期限一般为10~20年。

城乡总体规划起步较早，自1978年以前都是地方事务，全国没有统一的规定。从1978年开始实行城市规划标准，统一管理，规划的编制都由各级政府组织，建设规划部门牵头，只对政府管辖区域进行建设规划。规划由同级人大审议，经上一级政府批准实施。国家对直辖市、省会城市和全国重要城市的城市规划，必须上报国务院审批，规划编制级格和审批级格都较高。规划的编制办法全国有统一标准，规划期限一般为20年，规划系统性强。到目前为止，全国管理的规划以及编制实施了二轮，第三轮规划正在编制中。规划建立了分散的地方事务到国家分级统一，从以计划经济方式的城市建设到以市场经济为导向的城市建设，从区域视野城市规划到国际视野的城市规划的转变。

环境保护规划从1973年开始起步，1993年由国家环境保护部门出台了《城市环境综合整治规划编制技术大纲》和《环境规划指南》，但由于规划编制由各地方环境保护部门组织编制，同级政府批准，上级政府和环境保护部门不做审批，故这些标准形同虚设。所以，编制级格和审批级格都较低。没有对应土地利用总体规划和城乡总体规划的环境保护总体规划，规划横向、纵向都很少有直接对应关系，规划系统性基本缺失。规划期限没有统一要求，只有跟随国民经济社会发展规划做相应的子规划的五年规划。规划经历了探索—研究—发展—深化—全面铺开的发展历程。在环境保护规划全面铺开这一时期，应加快对规划编制、审批程序、标准进行规定，以保证环境保护规划真正在经济社会快速发展中起到应有的作用。

通过上述比较不难发现，我国的规划体系正在逐步完善。各规划都朝着更加综合性、弹性（灵活性）的方向发展。国民经济和社会发展规划作为国家和地方的发展战略，其空间性更为突出，尤其是主体功能区规划的建立，实现了经济和社会规划与城乡和土地、环保规划的有效衔接，为上下规划的整合协调创造了可能。土地利用规划从综合平衡向保护耕地转型；城乡规划从单体发展向区域协调转型；环境规划从单向治理向综合防治转型。此外，空间规划体系下的城乡规划、土地规划、环境保护规划，其相互交叉性内容不断增多，这也为未来的规划整合提供了机遇，但也留下了多头管理、缺少协调的隐患（表4.1）。

相关规划的发展阶段比较　　　　　　　　　　　　　　　表 4.1

	发展阶段及特征	发展趋势	当前的问题
国民经济和社会发展规划	1953 年开始，中国编制实施国民经济和社会发展五年计划的框架体制，到 2005 年，共编制了十个。随着市场经济的发展，由计划向规划转变。"五年计划"也就变为"五年规划"。这是我国由计划经济向市场经济转变过程中又一个历史坐标。"十一五"规划是一个全面贯彻落实科学发展观的规划。它为我国 2006—2010 年这五年的发展绘制了宏伟蓝图，也为我们指明了前进的方向。虽然是第十一个五年规划，但严格来说，从"规划"的意义方面，它应该是"第一个"。因为此前的十个，都是"五年计划"。目前正在着手第十二个五年计划的研究、编制工作	1. 由计划向规划转变。2. 由城乡分离向城乡统筹转变。3. 由目标指令性向指令性与指导性目标相结合转变。4. 从具体、微观、指标性的产业发展计划向宏观的国家空间规划转化。	国民经济和社会发展规划最突出的矛盾是如何发挥市场配置资源的基础性作用，同时体现国家或政府宏观调控作用。表现在：①规划包罗万象，不适应政府职能转变的要求，不论是竞争性行业还是非竞争性行业一般都包含在规划内容内；②可操作性差，缺乏必要的宏观调控手段；③经济和社会发展纲要实施的主要手段是通过固定资产投资和重大项目（基础设施和大规模招商引资）的安排，地方政府为了经济发展速度而积极地安排固定资产投资；④经济、社会发展与人口、资源、环境建设融合性较差[70]。（丁成日，2009）
土地规划	1. 探索阶段的土地利用规划（20世纪 50 年代至 1986 年）2. 以保护耕地、保障建设用地为核心的第一轮土地利用规划（1986—2000 年）3. 以耕地总量动态平衡为核心的第二轮土地利用规划（1996—2010 年）	1. 由主要是以编制农业的土地利用规划，解决局部地区、微观层面上的土地利用问题，向以耕地保护为主的全面土地利用规划转变。2. 由静态指标规划向建立包括约束性指标和预测	1. 土地利用规划自上而下、刚性的分配指标缺乏对地方实际需求的认知。2. 地方用地需求呈现持续高位增长态势，用地需求远超计划指标，土地违法形势严峻。（国土资源部 2011 年 3 月对全国 31 个省（区、市）的 179 个县市的实地调研发现，今年 31 个省（区、市）全年用地需求总计 1616 万亩，远远大于年度计划指标

续表

	发展阶段及特征	发展趋势	当前的问题
土地规划	4. 以节约和集约用地为核心的新一轮土地利用规划修编（2005—2020年）	性指标两类土地利用规划指标体系的动态平衡规划转变。 3. 由只追求保护耕地，到保护基本农田与提高土地利用效率并重。 4. 由忽视土地生态价值，到强调土地利用生态环境的保护和建设，体现可持续发展。	670万亩[71]。）（夏珺，2011） 3. 全国规划指标有限，难以实现个地区之间的平衡。 4. 土地指标划拨缺乏对土地利用决策利益机制的考虑，容易造成土地资源浪费、土地利用效率低下等问题。
城乡规划	1. 新中国成立后的恢复重建期（1949—1966年） 2. "文革"后的快速发展期（1978—1986年） 3. 改革开放后的不断创新期（1986—1996年） 4. 走向市场经济的调整变革期（1996—2004年） 5. 面向科学发展的更新转型期（2004年至今）	1. 由单向的封闭型思想方法转向复合发散型（开放型）的规划。（由单个城市走向区域） 2. 由最终理想状态的静态思想方法转向动态过程的规划。（由一张蓝图式规划走向持续、动态的过程规划） 3. 由刚性规划的思想方法转向弹性规划。（由单纯物质规划走向综合规划） 4. 由指令性规划转向倡导性、合作式规划。（由精英型规划走向公众参与）（陈锋，2004）	中国城乡规划的问题主要表现在以下几个方面： 1. 规划过多的干扰市场运行，提高了发展成本、降低了城市效率。 2. 规划面面俱到，忽视了核心、基本职能的发挥。 3. 规划的刚性指标未能有效发挥，而弹性内容又过于松散，出现漏洞也留下隐患。 4. 总体规划过于强调物质空间规划，缺少对城市经济、社会、公共政策等的考虑。 5. 规划理念泛化——方向模糊；规划理论的淡化——内涵空虚；规划实践浮华——功能扭曲[72]（魏广君，2011）。
环境保护规划	第一阶段（1973—1983年）为探索阶段 第二阶段（1983—1989年）为研究阶段 第三阶段（1989—1996年）为发展阶段 第四阶段（1996—2002年）为深化阶段 第五阶段（2002年至今）为全面铺开阶段	综合来看，我国的环境规划已经从单纯的仅关注污染问题扩展到人类生存发展、社会进步这个更广阔的可持续发展范围。 1. 从无控制到法规条文限制。 2. 从限制到"三废"治理。 3. 从单向治理到综合防治。 4. 从物质专项防治到空间规划管治。	1. 规划实施缺乏法律保障。 2. 规划法律地位不足。 3. 规划编制不规范。 4. 设区的市缺少环境保护总体规划。 5. 规划协调、衔接不够。 6. 规划缺乏有效的实施监管机制。 7. 公众参与机制缺乏实质性。 8. 我国的环境规划种类较多，有区域的环境规划、流域的环境规划、专项规划、规划环评、项目环评等，众多规划之间不成系统，相互指导关系不明确。 9. 我国的环境规划也是采取国外环境规划的做法，以文字、指标为主，缺少图则和红线控制。操作性、直观性不强。

注：由于主体功能区规划开展时间较短，发展比较暂不对其进行分析。

4.2 相关规划的法规体系比较

所谓规划法规体系，是指由国家依法制定和认可的关系到规划及具有不同调整对象、不同等级效力和不同表现形式的若干法律规范或其结合体自成的内在联系和相互协调统一的法律规范系统。一般认为，规划法规体系是由基本法（主干法）、配套法（辅助法或从属法）和相关法（专项法或技术条例）组成。其中基本法是规划法规体系的核心，具有纲领性和原则性的特征。而由于基本法不可能对规划细节性内容做具体规定，因而需要有相应的配套法来阐明。相关法则指领域以外，与本规划密切相关的法律和规范性文件。本节将依据此种规划法规体系构成的划分方法，对相关规划的法规体系进行比较。

4.2.1 土地利用规划的法规体系

中国土地规划立法体系是土地立法体系中一个相对独立的体系，是土地规划编制、实施和管理等方面的法律规范，是遵循一定的规律和原则，相互联系、相互作用而组成的具有调整土地规划法律关系特定功能的有机整体（图4.1）。我国土地利用规划立法的速度还是比较快的，成效也很显著。但是从实践看，现有的法规还远远不能适应土地利用规划工作的需要，与依法行政和按规划用地的实际需要仍有相当大的差距。具体来看，当前土地利用规划的法规体系所存在的问题主要有：

（1）尚缺少具有权威性地位的主干法——《土地规划法》。当前，我国已完成两轮"国土规划"，新的一轮国土规划也即将完成。但目前，尚缺少具有权威性地位的主干法——《土地规划法》[73]。

（2）法律体系不完善，缺乏配套的法律法规。由于缺少主干法，所以目前土地利用规划工作的法规所依据的依然是强调行政管理的《土地管理法》，并以此来统领相关专项法规和规范条例，扮演着主干法与配套法的双重角色。

（3）法规的内容还需要进一步强化。目前编制的《土地总体利用规划》只是一段时期内具有法律效力的政府文件，法律地位不高，规划的严肃性、权威性得不到维护。规划内容、规划过程、规划标准和规划行为等也缺乏法律约束，没有明确的法律规定，各地目前开展规划时无法可依，无据可查，随意性较大。因此，土地规划作为统筹城乡发展的重要平台，必须有相应的法律保障作支撑，土地规划的层次体系与法律效力需要通过立法进行明确。

4.2.2 城乡规划的法规体系

随着城乡建设的迅速发展，我国城乡规划的法制建设也不断进步，从无到有，从单一到配套，从零乱到系统，逐步发展，不断完善。自2008年1月1日《城乡规划法》正式施

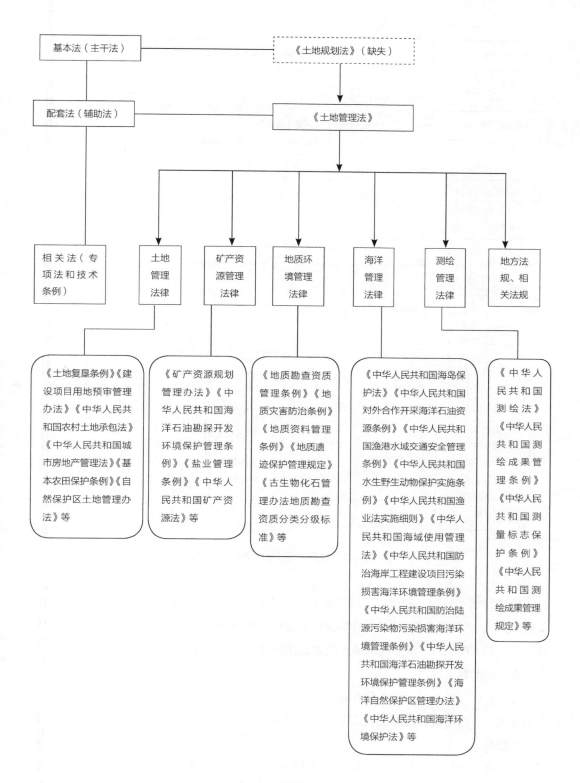

图4.1　土地利用规划法规体系示意图

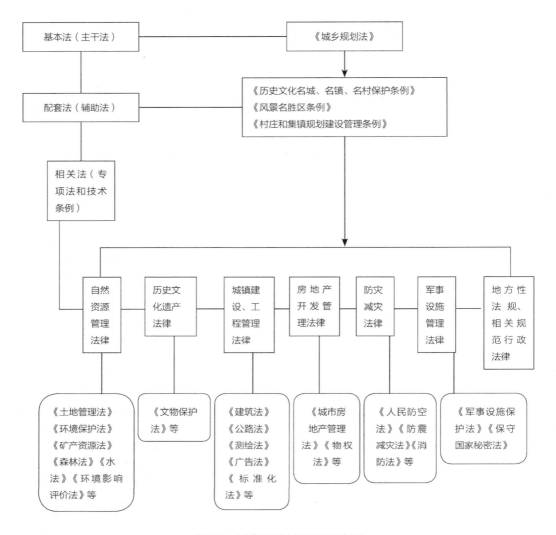

图 4.2 城乡规划法规体系示意图

行，我国的城乡规划已形成以《城乡规划法》为核心，《历史文化名城、名镇、名村保护条例》《风景名胜区条例》《村庄和集镇规划建设管理条例》为支撑的"一法三条例"的基本法规框架（图4.2）。虽然我国城乡规划的法规体系已经建立并逐步完善，但目前依然存在几方面的问题：

（1）目前《城乡规划法》仍存在不明确、不具体、不完善之处，在规划体制、编制、实施管理等方面需要通过配套立法加以完善和深化，以进一步贯彻、落实《城乡规划法》的立法精神[74]。

（2）我国现行城乡规划技术标准体系不能适应《城乡规划法》和世贸组织的要求，也存在结构不清、覆盖不全等问题[75]。

4.2.3　环境保护规划的法规体系

我国环境立法工作经过几十年的发展已经制定了环境法律26部，其中基本法一部，单行法25部[①]（图4.3）。这些法规和一系列有关国际环境资源保护的国际条约、国际公约及有关国际性会议的协议等一起构成了我国环境保护的法规体系[②]。但现行环境法律规范作用有限，环境立法带有明显的应急性特征。

我国现行的环境立法体系可以认为是基本法与单行法相结合的模式，长期以来《环境保护法》作为环境基本法，统领各具体环境单行法来解决所有涉及环境保护的问题。但这样的法律结构体系在现行的规划运作环境下暴露了诸多问题，严重制约了我国的环保工作，具体表现在：

1. 基本法的功能落后

由于我国制定《环境保护法》时对环境保护科学的研究还很不成熟，立法水平有限，所以很多内容在今天来看已经落后或者过时[76]。该法的主要内容是关于污染防治的，而有关自然资源利用和生态保护的规定很少，未能认识环境保护与经济发展协调共进的重要性，属于问责式、制约性法规，这也为当前环境保护重治理轻建设的局面埋下了隐患。此外，法规没有认识到环境问题的广泛联系性，过于依赖环保部门，而忽视了相关部门（城建、林业、海洋渔业等）的职能作用。在立法上按照有关主管部门职权的划分，在各自的管辖领域单独立法，并寄希望于《环境保护法》的统领。但《环境保护法》的基本法功能已经落后，并不能有效承担这样的职能。

此外，《环境保护法》规定："国家制定的环境保护规划必须纳入国民经济和社会发展计划；县级以上人民政府环境保护行政主管部门，应当会同有关部门对管辖范围内的环境状况进行调查和评价，拟订环境保护规划，经计划部门综合平衡后，报同级人民政府批准实施。"[77]但《环境保护法》对环境保护规划所具有的法律效力即公定力、确定力、约束力和执行力4个方面没有做出规定，在一定程度上影响了环境保护规划应有的权威性、严肃性和实施效果。

2. 配套法（辅助法）缺失

现行的环境规划法规体系，在基本法与专项（单行）法之间缺少综合性的配套法作为衔接。如省级、市级环境保护规划的实施没有明确的法律保障，规划的编制也没有确切的编制技术规范。由此造成单行的专项规划（如大气、水、矿产资源、生态区等）没有统一

---

① 主要包括《环境保护法》《海洋环境保护法》《水污染防治法》《大气污染防治法》《固体废物污染环境防治法》《环境噪声污染防治法》《放射性污染防治法》《森林法》《草原法》《渔业法》《矿产资源法》《土地管理法》《水法》《防洪法》《防震减灾法》《野生动物保护法》《水土保持法》《电力法》《煤炭法》《气象法》《防沙治沙法》《节约能源法》《可再生能源法》《清洁生产促进法》《环境影响评价法》《循环经济促进法》。
② 如《联合国人类环境宣言》《关于环境与发展的里约宣言》《保护臭氧层维也纳公约》《关于消耗臭氧物质的蒙特利尔议定书》《联合国气候变化框架公约》《生物多样性公约》《濒危种国际贸易公约》《控制危险废物越境转移及其处置的巴塞尔公约》等。

的规划来实现空间布局。相当落伍、功能缺失的《环境保护法》，无法保障明确目标的实施，众多只能依靠环境影响评价法来协调，环境保护难以落到实处，更多的也只能是"头痛医头脚痛医脚"。

3. 环境单行法之间存在矛盾和冲突

例如《固体废物污染环境防治法》与《海洋环境保护法》关于固体废物处置的分歧；《水法》与《矿产资源法》《渔业法》的重叠管理矛盾等①。

4. 相同法律制度在不同环境单行法中的规定不一致

例如《土地管理法》《森林法》《矿产资源法》《水土保持法》等都分别规定了土地征用和土地纠纷处理的条款，但是处理的机关和程序都不一样。又如我国现行法律中一些污染物排放许可证管理主体分割、层级混乱、标准不统一，导致执行过程中的不便②。

5. 对同一行为在不同环境单行法中的规定不一致

由于不同的环境单行法是由不同的行政主管部门进行最初的法案起草工作，这种起草工作受制于部门的利益，没有通盘综合考虑不同环境单行法之间的协调统一问题，因此出现了对于有关环境保护的同一行为，不同的环境单行法之间的规定不一致的情况。又如对于在林区采伐木材的行为，《水土保持法》规定了采伐方案中必须要包括水土保持措施，但是在《森林法》及其实施细则中则没有类似的规定。

4.2.4 小结

在法治社会必须依法行政，有法可依。而迄今我国对空间规划系列的立法还很不完善，高层次的空间规划与区域规划尚无法可循，低层级的相关规划还存在诸多法规冲突。因而有必要尽早建立一个能包含整个空间规划系列的使各类空间规划相互衔接协调的空间

---

① 《固体废物污染环境防治法》第2条规定了固体废物污染海洋环境的防治不适用该法的规定。可是《海洋环境保护法》第38条却规定"在岸滩弃置、堆放和处理尾矿、矿渣、煤灰渣。垃圾和其他固体废物的，依照《固体废物污染环境防治法》的有关规定执行"。两部法律的上述规定，在管理权限上产生了一些冲突，按照《海洋环境保护法》的有关规定，在岸滩弃置堆放垃圾和工业固体废物应当属于陆源污染控制问题，则应由环保部门管理；如果在岸滩弃置堆放的垃圾和工业固体废物需要倾废的，则应由海洋部门管理；按照《固体废物污染环境防治法》的规定，如果岸滩弃置堆放的是垃圾，则对垃圾的处置又应由城建部门管理；又如《水法》规定了水资源包括地表水和地下水，而地下水又被《矿产资源法实施细则》列为矿产资源，这就造成不同的管理机关依据不同的法律对地下水分别行使管理权，导致出现按照《水法》收取水资源费，按照《矿产资源法》收取矿产资源补偿费的重复收费。还有的对同一违法行为，有的法律规定要追究法律责任，有的则没有。如《水法》和《渔业法》都规定了禁止围湖造田，《水法》对违法行为规定了责令停止违法行为、限期采取补救措施，并且可以处罚款的法律责任，而《渔业法》则没有规定相应的法律责任。

② 如法律规定水污染物排放许可证的发证机关为地方各级环境保护主管部门，而大气污染物排放许可证的发证机关为地方各级人民政府，这样对于生产型排污企业单位而言，如果是既要排放水污染物又要排放大气污染物，那么其就要向环境保护主管部门申请水污染物排放许可证，同时又要向地方人民政府申请大气污染物排放许可证，这样既增加了行政机关的行政成本，又使得排放许可证的申请增加了手续和环节。

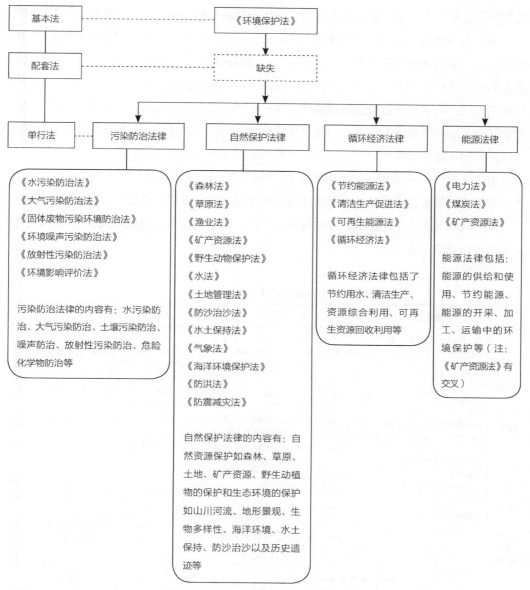

图4.3　环境保护规划法规体系示意图

规划法规体系[30]。

当前,《城乡规划法》和《土地管理法》分别对城市总体规划和土地利用总体规划所具有的法律效力做出了明确规定,两部法律都要求城乡规划与土地利用规划相"衔接",都没有明确规定"衔接"的方式,以及争议解决程序。具体来看,《城乡规划法》第5条明确规定:城市总体规划、镇总体规划以及乡规划和村庄规划的编制,应当依据国民经济和社会发展规划,并与土地利用总体规划相衔接,但没有提出与环境保护规划的关系。《土地管理法》第22条规定：城市总体规划、村庄和集镇规划，应当与土地利用总体规划相衔接，城市总体规划、村庄和集镇规划中建设用地规模不得超过土地利用总体规划确定的城市和村庄、集镇建设用地规模。《环境保护法》第4条规定：国家制定的环境保护规划必须纳入国民经济和社会发展计划，国家采取有利于环境保护的经济技术政策和措施，使环境保护工作同经济建设和社会发展相协调。而三大核心法对于彼此间关系并没有给出明确界定。又如《土地管理法》《森林法》《草原法》《矿产资源法》《水土保持法》都分别规定了土地征用和土地纠纷处理的条款，但是处理的机关和程序却各不相同。

随着各规法律体系的健全，在相关法层面所涉及的交叉性法规不断增多，但彼此间尚未建立明确的法规关系结构。某些法律地位不足、功能滞后，致使其权属规划缺乏同步性。某些规划又因主干法缺失，导致其缺乏协调性。这都在不同程度造成了规划编制、实施和管理的矛盾（表4.2）。

相关规划的法规体系比较 表 4.2

	发展阶段	当前的特征	当前的问题
城市规划法规体系	20 世纪 50 年代～20 世纪 80 年代初期	以《城乡规划法》为核心，《历史文化名城、名镇、名村保护条例》《风景名胜区条例》《村庄和集镇规划建设管理条例》为支撑的"一法三条例"的基本法规框架。《城乡规划法》是这个领域的最高法律和核心法。其他行政规章和地方法规是他的配套与完善，他们都不得同《城乡规划法》相抵触，同时，这个体系的结构是上位法制约下位法，下位法是上位法的补充与完善。	1. 目前《城乡规划法》仍存在不明确、不具体、不完善之处，在规划体制、编制、实施管理等方面需要通过配套立法加以完善和深化，以进一步贯彻、落实《城乡规划法》的立法精神。（傅立德，2008）2. 我国现行城乡规划技术标准体系不能适应《城乡规划法》和世贸组织的要求，也存在结构不清、覆盖不全等问题。（石楠，2009）
	20 世纪 80 年代中后期～20 世纪 90 年代初期		
	20 世纪 90 年代初期至 2007		
	2008 年《城乡规划法》的实施		
土地规划法规体系	新中国成立初期至 1986 年以前	中国土地规划立法体系是土地立法体系中一个相对独立的体系，是土地规划编制、实施和管理等方面的法律规范，是遵循一定的规律和原则，相互联系、相互作用而组成的具有调整土地规划法律关系特定功能的有机整体或系统。	我国土地利用规划立法的速度还是比较快的，成效也很显著。但是从实践看，现有的法规还远远不能适应土地利用规划工作的需要，与依法行政和按规划用地的实际需要仍有相当大的差距。1. 缺乏统领土地规划工作全局的、效力较高的主干法律，即土地规划法。2. 法律体系不完善。缺乏配套的法律法规。3. 法规的内容还需要进一步强化。
	1986 年至 1998 年		
	1999 年至今		
环境规划法规体系	环境立法的孕育阶段（从新中国成立至 20 世纪 70 年代）	国务院和国务院有关部门分别制定了大量的环境保护行政法规、部门规章，环境法律体系框架已初步形成，制定了主要环境法律 26 部，其中基本法一部，单行法 25 部。但现行环境法律规范作用有限，环境立法带有明显的应急性特征。	现行环境立法存在整体性的缺陷，主要表现在以下几个方面：1. 基本法功能落后；2. 配套法（从属法）缺失；3. 环境单行法之间存在矛盾和冲突；4. 相同法律制度在不同环境单行法中的规定不一致；5. 对同一行为在不同环境单行法中的规定不一致。
	环境立法的起步阶段（从 20 世纪 70 年代至 80 年代末）		
	环境立法的发展和体系初步形成阶段（从 20 世纪 90 年代至今）		

4.3　相关规划的实践性比较

4.3.1　实践内容

在规划的编制、实施和管理实践过程中，由于众多规划在目标、思想、规划原则、工作重点与方式的不同，用地规模总量、空间布局等方面存在差异，进而导致规划分隔现象的存在。究其原因，大体可以概括为以下几个方面：

1. 规划目标

城乡规划是为了加强城乡规划管理，协调城乡空间布局，改善人居环境，促进城乡经济社会全面协调可持续发展[78]。土地利用规划是为了加强土地管理，维护土地的社会主义公有制，保护、开发土地资源，合理利用土地，切实保护耕地，促进社会经济的可持续发展。环境保护规划是为保护和改善生活环境与生态环境，不断改善和保护人类赖以生存和发展的自然环境，合理开发和利用各种资源，防治污染和其他公害，保障人体健康，维护自然环境的生态平衡。

2. 指导思想

城乡规划更加强调前瞻性和未来需求，保障未来发展与空间拓展，注重城市内部空间结构的优化和外部扩张；而土地利用规划则更加强调现势性和当前实际，强调保护土地资源、耕地资源等；环境规划是管理当局为使城市环境与经济社会协调发展而对自身活动和环境所做的时间和空间的合理安排，其目的在于调控城市中人类自身活动，减少污染，防止资源被破坏，从而保护城市居民生活和工作、经济和社会持续稳定发展所依赖的基础——城市环境。

3. 规划原则

制定和实施城乡规划，应当遵循城乡统筹、合理布局、节约土地、集约发展和先规划后建设的原则，改善生态环境，促进资源、能源节约和综合利用，保护耕地等自然资源和历史文化遗产，保持地方特色、民族特色和传统风貌，防止污染和其他公害，并符合区域人口发展、国防建设、防灾减灾和公共卫生、公共安全的需要。土地利用规划按照严格保护基本农田，控制非农业建设占用农用地；提高土地利用率；统筹安排各类、各区域用地；保护和改善生态环境，保障土地的可持续利用；占用耕地与开发复垦耕地相平衡的原则编制；环境规划则应遵循以生态理论和经济规律为依据，正确处理开发建设活动与环境保护的辩证关系；以经济建设为中心，以经济社会发展战略思想为指导的原则；合理开发利用资源的原则；环境目标的可行性原则；综合分析、整体优化的原则来制定。

4. 工作方法

城乡规划更加强调由远及近，较为注重于"终极蓝图式"规划再反馈至近期规划建设安排，具有"主动性"的特征；土地利用规划往往强调由近及远，具有"反规划"和"被动性"的基本特征和实际需求[79]，而耕地18亿亩的底线指标，也凸显出土地规划的控制力；环境规划则更加强调规划的现实基础与长远利益的结合，具有"约束性"和"持续性"的特征，突出环境优先原则。

5. 工作重心

城乡规划的工作重心在于明确建设的时序、发展方向和空间布局；统筹土地开发与空间利用；土地利用规划则工作重点在于落实基本农田保护任务、耕地保有量任务分解以及各种地类结构的优化，关注于土地利用变更和流量、流向；环境规划的工作重点是对城市区域进行环境调查、监测、评价、区划以及因经济发展所引起的变化预测和战略性部署。

6. 规划范畴

城乡规划的工作范畴是在城市规划区范围内，更加关注可建而未利用土地的开发，对于乡村地区土地利用特征研究得不够深入，虽然近年来有明显改观，规划区已扩大至区域全域，但是总体上仍很薄弱，土地利用规划的工作基本是土地全覆盖，特别是在乡村地区，对耕地范围的限定；环境保护规划的工作任务范畴广阔，基本囊括了全域"立体空间"，涉及大气、土壤、地下水、生产、生活等生态环境体系的全部内容。

7. 规划性质

城乡规划更加讲究布局结构的合理和优化协调，讲求资源配置的有效利用和公共设施的设置均衡，注重统筹安排和系统综合，属于空间综合协调性规划；而土地利用规划更加强调耕地保有、土地流向、资源保护和政策导向，属于空间专项控制性规划[80]；环境规划则更加关注土地开发与利用过程中对环境的影响评价和标准制定，如大气、噪声、污染物（水、固体废弃物）排放等，属于空间专项控制性规划。

4.3.2 小结

在当前的空间规划体系中，各规划大都以国民经济和社会发展规划为依据，相互联系又相互制约。但在编制、实施和管理等环节也各有侧重，差异较大。这些都是规划整合工作亟待解决的问题。

第一，各规分属不同部门管理，其职能范畴也存在较大差异。在行政管理上，城乡规划、土地利用规划、环境保护规划分属城乡建设部门、国土资源部门、环境保护部门管理。例如，土地行政主管部门在未取得建设用地规划许可证的情况下，就为建设单位办理了土地使用权属证明，或未经城市规划主管部门同意，单方修改土地出让合同中的规划设计条件[81]。也有的城市规划主管部门在未经审核环境影响评价报告书的前提下，就批复了规划建筑项目。这些都是空间规划管理操作过程中部门之间的矛盾。

在规划审批管理上，除去《国家环境保护"十一五"规划》第一次由国务院印发，其他大部分环境保护规划由同级人民政府审批后实施，而城市总体规划和土地利用总体规划要求由上一级人民政府（或国务院）审批后实施。环境保护规划的地位明显低于城市总体规划和土地利用总体规划。法律地位不足导致其他规划与环境保护规划缺乏一致性与协调性，导致环境保护规划在我国现行的城乡规划体系中缺乏权威性、严肃性和可操作性，从而致使环境规划服从于城市规划。在现实生活中，这一原则往往就成了"经济建设优先"的借口，是环境保护去适应发展的需要（夏凌，2007）。

第二，各规划的编制规范不统一。各规的编制工作不同步、技术路线不相同，规划基期年、规划期限不一致，用地标准分类不统一，统计口径也不同。《城市规划编制办法》和《土地利用总体规划编制审查办法》分别对城市总体规划和土地利用总体规划的编制、审批及实施等进行了规范[82]。而我国尚未出台《环境规划编制办法》，在环境保护规划编制内容、范畴界定、规划方法和图件绘制等方面没有明确的规定，导致环境保护规划在编制过程中缺乏一定的依据和约束，不能有效地为环境管理和决策服务。

第三，各规划自身成熟程度不同。城乡规划吸取了国外先进的理论与方法，并结合我国的长期实践，其规划水平有了较大幅度的提高，规划编制已较为成熟，规划的科学性与可操作性也较强。相比之下，土地利用规划和环境保护规划的编制工作在20世纪80年代才刚刚起步，特别是环境保护规划没有相应的规划法律保障，发展步伐也较为缓慢。例如现行设区的市级层面上缺少与城市总体规划、土地利用总体规划等具备同等法律地位的环境保护总体规划，导致设区的市级环境保护规划没能与其他部门（如规划局、国土资源局、城建局和水利局等）的相关规划进行有效的衔接与协调，只是被动地依据国民经济和社会发展规划、城市总体规划和土地利用总体规划等来编制，使得环境保护规划相对孤立，可操作性和实施效果偏差。

此外，各规划在公众参与、监督评估等方面也参差不齐。城乡规划近年来已逐步加大公众参与的程度，但规划监督、实施后评估等环节很薄弱。土地利用规划与环境保护规划虽然注重监察与监测，但大部分规划仍缺乏实质性的公众参与，仅停留在规划公示或民意调查上，只是一种事后的、被动的、形式上的参与（表4.3）。

相关规划的地位与作用比较　　　　　　　　　　　　　　表 4.3

项目 \ 类别		国民经济与社会发展规划	城市总体规划	土地利用规划	环境保护规划
基础	地位	国民经济和社会发展规划包括中长期发展规划和年度计划，是宪法赋予国务院及各级地方政府的职权	城市总体规划是政府依据国民经济和社会发展规划以及当地的自然环境、资源条件、历史情况、现状特点，统筹兼顾、综合部署，为确定城市的规模和发展方向，实现城市的经济和社会发展目标，合理利用城市土地，协调城市空间布局等所作的一定期限内的综合部署和具体安排；	土地利用总体规划是城乡发展中各类土地利用项目审批的法定依据，是国家实行土地用途管制的基础	环境规划是实行环境目标管理的基本依据和准绳，是环境保护战略和政策的具体体现，也是国民经济和社会发展规划体系的重要组成部分

续表

项目 \ 类别		国民经济与社会发展规划	城市总体规划	土地利用规划	环境保护规划
基础	地位	国民经济和社会发展规划包括中长期发展规划和年度计划，是宪法赋予国务院及各级地方政府的职权	是实施宏观调控的政策工具；是在其管治范围内提供公共物品、建立空间秩序、落实发展规划的重要手段	土地利用总体规划是城乡发展中各类土地利用项目审批的法定依据，是国家实行土地用途管制的基础	环境规划是实行环境目标管理的基本依据和准绳，是环境保护战略和政策的具体体现，也是国民经济和社会发展规划体系的重要组成部分
	功能性质	战略目标（全面综合性）	空间实施（社会协调与社会高效）	空间限制（土地保护与合理利用）	实施约束（生态保护与生态效益）
	作用	一是目标导向作用；二是平衡协调作用；三是资源优化配置的作用；四是政策选择的作用；五是规范约束和激励的作用	一是科学的城乡规划是城乡协调统筹发展的基本依据。一个地区的发展，应建立在综合分析研究的基础上，确定科学的全面的系统的规划，该规划经法定程序被认可，必将成为该区域今后发展与建设的基本依据，严格按照规划加以实施。二是科学的城乡规划是促进城乡可持续发展的重要内容。以人为本，促进人口、经济、社会、资源、环境相互协调和共同发展，既满足当代人的需求，又不影响后代人发展的可持续发展战略，核心点就是人与环境、人与资源的问题，把规划作为一种重要手段来协调这几种关系，保持城乡可持续发展战略得以贯彻实施是十分重要的。三是科学的城乡规划是充分利用有效投入的根本前提。科学的城乡规划就是要集中人力、物力、财力统筹安排，避免长官意识，部门意识。四是科学的城乡规划是城乡协调发展立足当前兼顾长远的基本保证。规划不仅要解决当前的建设问题，还应高瞻远瞩地科学预见未来。五是科学的城乡规划是确保改善城乡差别，提高新农村建设水平、农村居民生活质量的有效途径	一是预审建设项目用地，批准农用地转用、土地征用和乡（镇）建设用地、农民宅基地、土地开发、整理、复垦等项目用地，都必须依据土地利用总体规划，不符合土地利用总体规划的各类土地利用项目均不得批准。二是土地开发、整治、保护的法定依据。通过土地利用总体规划，国家确定了每块土地的用途。城乡建设、土地开发等各类土地利用活动都必须符合土地利用总体规划确定的土地用途，不得随意改变土地现状用途。三是依法查处违法批地、用地的法定依据。《土地管理法》规定，对违反土地利用总体规划批准和使用土地的，要分别给予不同形式的处罚，构成犯罪的，依法追究刑事责任	一是促进环境与经济、社会可持续发展；二是保障环境保护活动纳入国民经济和社会发展规划；三是合理分配排污消减量、约束排污者的行为；四是以最小的投资获取最佳的环境效益；五是实行环境管理目标的基本依据

续表

项目\类别		国民经济与社会发展规划	城市总体规划	土地利用规划	环境保护规划
管理	主管部门	发展和改革部门	城乡建设部门	国土资源部门	环境保护部门
	规划类别	社会经济综合性规划	空间综合协调性规划	空间专项控制性规划	空间专项控制性规划
	规划特性	综合性	综合性	专项性	专项性
编制	编制依据	—	国民经济和社会发展规划《城市规划编制办法》《城市规划编制办法实施细则》等	上层次土地利用规划《土地利用总体规划编制审查办法》等	国民经济和社会发展规划《环境保护法》等
	主要内容	发展目标和项目规模	项目布局和建设时序安排	耕地保护范围、用地总量及年度指标	环境指标，环境评价和预测，环境规划方案及实施监督
	编制方式	独立	自上而下与自下而上	自上而下，统一	独立（由内而外与由外而内）
审批	审批机关	本级人大	上级人民政府	国务院、上级人民政府	同级人民政府（或国务院）
	审查重点	发展速度和指标体系	人口与用地规模	耕地平衡和用地指标	各项环境指标
	法律地位	—	《城乡规划法》："经依法批准的城乡规划，是城乡建设和规划管理的依据，未经法定程序不得修改。"	《土地管理法》："土地利用总体规划一经批准，必须严格执行。"	尚无明确规定，可参考《环境保护法》
实施监督	实施力度	指导性	约束性	强制性	约束性
	实施计划	年度政府工作报告	近期建设规划	年度用地指标	年度政府工作报告
	规划年限	五年	一般为二十年	一般为十五年	无规定，一般为五年，与国民经济和社会发展规划一致
	监督机构	本级人大	上级人民政府、本级人大	国务院、上级人民政府	同级和上级人民政府
	实施评估	政府工作报告	规划编制	执法检查	执法检查
	检测手段	统计数据	报告、检查	卫星、遥感	技术检测

第 5 章

空间规划协调的内在机制与外在途径

20世纪80年代以来的改革开放，20世纪90年代日盛的全球化以及随后中国加入WTO，都从根本上改变了中国城市发展的内外基本环境和动力基础，中国的发展也因多因素的作用，发生着复杂而剧烈的转型[83]。

那么何谓"转型"（transition）？一般认为转型是指从一种形态到另一种形态的转化过程。国际学术界对转型的研究集中于第三世界国家，尤其是关于前社会主义国家从基于国家控制产权的社会主义计划经济向自由的市场经济转变的过程，及相应的转型制度学、转型社会学、转型经济学的研究[84-85]。而国内学术界关于转型的研究主要还集中在经济领域[83]。主要针对我国由传统的集权计划经济向现代的市场经济（社会主义市场经济体制）过渡的理论与实践探索。中国的转型是"社会文化、制度传统环境的转变，资源配置方式转变和政府权力行为方式转变这三种主变量变化的统一"[86]。主要包括政治经济的转变，如权力的离心化和市场运行机制的引入；城市发展组织模式的转变，如城市政府主导的综合发展、土地有偿使用制度，房地产发展等，以及与全球化经济体系的整合[87]。

对于我国的空间规划而言，转型也意味着城市发展对规划本身提出了更高的要求。所以面对转型，我国的空间规划必须做出积极的应对，以发挥其真正的作用。而规划转型的成功与否，直接关系到我国的城镇化进程，以及资源节约型、环境友好型社会的建设进程[88]。

近年来，众多学者针对我国规划的转型问题展开了广泛的探讨，旨在寻求适应时代需求的规划范式[5, 58, 83, 88, 89, 90, 91]，因为规划也必须"与时俱进"。张庭伟讨论了转型时期中国城市规划的改革问题，认为可以把规划改革分成职能范围的改革和行政能力的改革两个方面[54]。而事实上，这也揭示出规划变革的两大部分，即内在的规划自身的转型和外在的规划所依附的体制制度的改革。需要说明的是，在国内学术界，"转型"和"改革"一般不做区分，而国际学术界则认为"转型"与"改革"有着严格的区别。科勒德克强调，转型是一个发生根本性变化的过程，如俄罗斯所发生的新制度替代旧制度的过程。而改革并不发生根本性的转变，如20世纪80年代以来中国的发展过程[83]。因此，结合我国的国情，笔者认为：①空间规划自身的（内部）转型是规划事业不断走向系统、秩序的根本，其目标是实现规划的科学、理性，以及人文价值的充分体现；②空间规划"环境"的（外部）改革是规划工作有效实施的依据和保障，其方向是规划决策、实施体制制度的民主、法制、公平公正与高效。

我国空间规划协调的理论与实践探索正是在规划变革的趋势与背景下展开的。因此，本章尝试从内外两个方面剖析规划自身转型与规划管理制度改革对规划协调的影响和作用，从中探寻空间规划协调的内在机制与外在途径。当然，内外两方面的变革相互交错，关系作用复杂，两者能否很好的协调、契合，将成为空间规划协调举措是否很好得到实践的关键所在。

5.1 我国空间规划自身转型的总体趋势与特征

随着我国向社会主义市场经济体制的转型，作为规范城市发展，解决城市问题的空间规划的转型也成为一个必然的过程。而这一过程的成功实现，不仅需要对其转型的内外因素进行广泛探讨，还需对转型的目标与方向做深入的分析和把握。

首先，从世界规划发展进程来看，由于规划内容不能与其价值取向相脱离，而这些价值观念又因不同的历史阶段、价值取向而不断变化，所以不同时期对规划的理解与判断也不完全相同。传统的现代主义规划由于在西方城市中过度理性的运用，而受到了后现代主义规划的批判与修正[92]。其思想和方法也由以往依赖技术工具和经济数据，盲目追求单一衡量标准、突出逻辑演绎的工具理性（技术理性），向注重价值取向与意识形态、强调协作与沟通的交往理性转变[93]。因为后现代主义者认为，尽管现代主义曾发挥过重要的作用，但随着时代的变化，城市的发展和文化的变化，现代主义规划的支撑已不复存在。后现代主义将各种社会科学和现代哲学流派引入规划师的视野，迫使规划朝着更加开放、多元，注重包容性的方向发展。正如桑德洛克（L.Sandercock）所指出的，后现代主义更强调社会公正、包含不同性质的政治团体、保证公民性、建立社区的理想、从公共利益走向市民文化这5项基本原则[94]。可以说，这些原则都体现出新时期规划所特有的人文精神与社会责任，也展现了当代的主流思潮和价值取向。而国际规划发展的总体趋势，无疑对我国规划的转型有着重要的意义。

其次，从我国的规划发展状况来看，虽然当前已积累了丰硕的理论与实践成果，但尚未形成自己的规划理论。我国规划发展的起点是在从国外引进整体性框架后嫁接起来的，而并不是在自己的社会、经济、政治框架中自发生成的[72]。因此，相比国外后现代主义的规划，我国的规划尚未真正走上现代理性之路，迫切需要的是理性化，而不是去理性化[92]。当前我国的规划实质上还处于一种定位不清、方向模糊的阶段，中国的规划师还需要在"为人"还是"为地"的争论中找到基点[95]。

当前，中国一流的发展机遇为中国规划师创立自己的规划理论提供了良好的前提条件。张庭伟认为，结合国情与地方传统，中国应该发展一种混合型规划的理论模式。并进一步指出，应该从更宽泛的角度定义、理解规划理论，对新自由主义发展模式进行重大改变；发展集权与分权互补共存的理论；承认发展条件的多样性，反对规划文化的简单同化；继续借鉴其他国家的规划理论，并对此进行修正；积极参加双向交流，向世界提供适应各自国情的混合理论经验；有选择地借鉴过去的规划理论，发展适应中国国情的规范性规划的人文理念。其理论源泉在于中国的传统哲学；1949年以来，特别是改革开放以来的规划实践；对西方规划理论与实践的评估和借鉴。

总之，受国内外规划发展演进的影响，中国的空间规划正经受着双重因素的作用。一方面是全球化、可持续发展、社会公平等世界共识的价值选择；另一方面是由计划经济向市场经济体制、由落后的农业国向现代的工业国转变的现实要求。可以说，我国空间规划的转型正是在这样的背景下推进的。与经济体制改革类似，其转型的过程也应选取渐进式的转变路径。韩增林认为，范型的转型是核心、程序的转型是实体、机制的转型是保障、政府角色的转换是关键、公民主动参与是体现、规划教育转型是基础[58]。陈锋也曾指出中国规划转型的基本方向是从技术工具到公共政策[5]。

具体来看，传统的规划已经表现出越来越多的不适应性，体现在：第一，规划是计划的延续，是国家（上级）对地方（下级）的指令与指标分配，这严重抑制了地方发展的积极性；第二，规划过多的干预市场，致使政府取代了市场，成为城市发展的主要动力，从而降低了城市效率；第三，局限于对物质空间塑造的关注，忽视了社会公平、可持续发展等环境问题；第四，针对行政区划改革等制度变革，规划体系结构未能做出积极的应对；第五，各规划之间联系较弱，相互衔接不足，自成体系、封闭僵化；第六，自上而下的决策体系，缺乏有效的公众参与和社会监督[96-98]。对此，规划也做出了"转型"的积极应对，如规划环评正由要素评价转向系统评价，由表征评价转向功能评价，由标准评价转向目标评价，由重结果评价转向重过程评价等[99]。综合来看，我国空间规划转型的总体趋势与特征可概括为（表5.1）：

（1）规划功能属性由以工具技术为主向以公共政策属性为重的方向转变。由于长期以来片面地强调规划的技术作用，而忽视了其政策属性，致使规划的社会职能未能有效发挥。正如石楠所指出的："假如我们依然秉持传统观念，自然无法探讨强化规划社会功能的问题"。[100]

（2）规划工作重心从增量规划向存量规划转变。由于城市存量内容的比重越来越大，部分城市进入存量为主阶段。因此，规划工作重心逐渐由强调新区建设、城市拓展等的增量规划，向突出空间优化、功能提升，高效管理的存量规划转变。

（3）规划思路从"先图后底"向"先底后图"转变。资源环境等要素成为规划的支撑条件。规划目标的设定也建立在与其相适应的基础之上，即设立由内而外与由外而内相结合的规划新思路。

（4）规划方法从相对狭窄的工程设计向多学科的借鉴、交叉与融合拓展。不断汲取其他学科的方法、成果，打破传统的孤立封闭局面。

（5）规划关注的内容从经济增长、土地利用安排向引导经济、社会、环境协调发展、控制开发量、保护环境资源、规范科学指标的方向转变。

（6）规划范围从重点聚焦于城市转向城乡兼顾，区域统筹。改变传统以城为主、城乡分离，拘泥受制于行政区划的割裂局面。

（7）规划理念由粗放、单一、静态、单向，向集约、多样、动态、循环转变。

（8）规划组织方式从自上而下为主，向自上而下与自下而上相结合、平行规划注重衔接协作的方式转变。体现在规划指标的刚性与弹性、部门合作意识的提高、公众参与、社会监督的广泛接受等。

空间规划转型的总体特征

表5.1

要素	初始状态	目标趋势
规划功能属性	工具技术	公共政策
规划工作重心	增量规划	存量规划
规划思路	先图后底	先底后图
规划方法	独立学科运用	多学科交叉
规划关注内容	经济增长、土地利用	经济、社会、环境协调可持续
规划范围	城市	城乡、区域
规划理念	粗放、单一、静态、单向	集约、多样、动态、循环
规划组织方式	自上而下	纵向：自上而下与自下而上相结合 横向：平行规划间的衔接与协作

5.2　规划转型背景下空间规划协调的困境与出路

5.2.1　困境与原因分析

空间规划的不协调问题已存在了较长时间，对于造成不协调的原因，一般将其归咎于规划的思想与目标、内容侧重点、空间范畴、方法手段、技术标准（数据来源、分类标准、统计口径）、法律授权、部门机构组织方式、管理实施机制、审批决策等多方面的差异或不同。而学术界则将不协调因素划为技术原因和制度原因两大类。目前有关空间规划协调的研究，也大都是从这两个方面展开。如王勇在研究城市总体规划与土地利用总体规划的协调思路时指出，探讨技术层面的协调问题，最多是为协调清除了技术障碍，化解矛盾的根本在于体制机制创新[36]。综合来看，当前我国学者已在规划的协调问题上"达成共识"，认为规划协调的本质是利益协调与权益的协调。但为何空间规划的不协调问题未能解决，即便一些城市和地区做出了不同模式或路径的创新探索。有关两规、三规乃至多规协调的研究也不为少数，规划整合、"多规合一"的口号也此起彼伏，可又有哪一处实践能真正实现？

笔者通过对近年相关文献的梳理与总结后发现，绝大多数有关规划协调的研究并未与规划转型建立足够的联系。或者可以说，目前的研究并未充分认识到规划转型对规划协调的影响和作用。也许正是这一点认识的缺失，致使当前的空间规划协调陷入了困境。

一方面，规划协调未能把握规划转型的动态过程。作为深化体制改革和完善市场经济体制的内在要求，我国的空间规划正面临着转型的重大课题。而日益加深的全球化、尚不完善的市场化机制框架、加速的城镇化进程、资源短缺与生态环境约束、严峻的社会问题等，都注定了我国的规划转型是一个长期而复杂的动态过程。在这一过程中，旧的和新的、内部和外部的因素相互作用，共同影响着规划转型的总体方向。目前不同部门下的各类规划都在进行着积极的转型探索，依照发展的逻辑自我更新完善。如发展与改革部门为强化发展目标对空间地域的引导，创立了主体功能区规划；环境保护部门也在寻求环境规划空间约束力的提高。可以说，这些创新与完善的举措也都体现出规划自身转型的要求。不了解其各自规划的转型动向，又和谈规划协调整合。更何况规划协调本身也是一个动态的、渐进的过程。因此，应当把规划协调纳入到规划转型的趋势背景之下，用发展的眼光看待协调的问题。否则协调举措也难免不会陷入滞后失效等不切时宜的困境。总之，空间规划协调问题的解决不能一蹴而就，也并非一劳永逸，必须因势利导、循序渐进。

另一方面，规划协调目标与规划转型的方向相分离。吴缚龙指出，转型不应该被看作是向某种广为使用的模式的趋同，我们既不应该过分强化、固化所谓的"中国范式"的转型，也不应该预先设定转型的确定方向[83]。布洛维（Burawoy）等也认为，当考虑到社会主义转型的不确定的本质时，多元的视角是最为适当的选择，但严格来说，它并不是一种类型[91]。对于空间规划来说，目前学术界已普遍认同空间规划转型的基本方向——公共政策[5, 6, 101]。但如何协调各类公共政策的关系、转型后的空间规划体系是何种状态，还难以确定。而正是这一点，与当前普遍理解的规划协调目标——多规合而为一、合为一体，难以契合。如图5.1所示①②③④分别代表当前四种主要空间规划，城乡规划、土地利用规划、环境规划和主体功能区规划（按规划的产生时间排序）。其中已确定的规划协调目标多规合一（即从A到B），与不确定的规划转型方向公共政策（即从A到C），不能完全保证路径的一致性。盲目的规划协调举措，很可能会因为规划的转型而失效。因此，笔者认为，有效的规划协调目标应该与规划转型的方向相吻合（或尽可能保持同轨），从而使规划协调与规划转型的过程路径相契合，在规划转型的过程中实现规划协调。

总体来看，规划转型对空间规划协调来说，既是机遇又是挑战。主要表现在：①规划转型过程本身就包含规划协调的内容（如强调沟通与协作等）；②规划转型为规划协调提供了方向指引；③规划转型的价值取向（公共利益、经济、社会、环境的可持续发展）为规划协调清除奠定了思想基础；④规划转型中规划适用范围的统一（城乡统筹、区域统筹）为规划协调清除了空间障碍；⑤规划转型过程中开放式、多学科的规划方法利用为规划协调提供了技术保障；⑥规划转型所寻求的综合与多元利益迫使规划协调必须重新审视"多规合一"的协调目标；⑦规划协调的长期性与复杂性要求规划协调也应遵循渐进式的

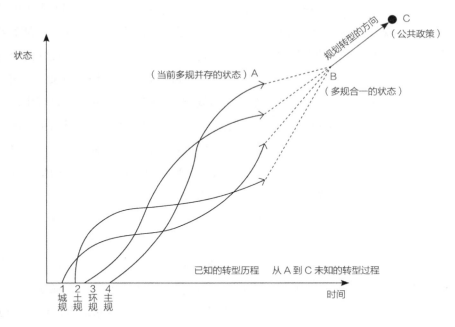

（注：图解分析并不否认规划初始阶段其本身所具有的公共政策属性）

图5.1　规划协调与规划转型的路径

路径，任何企求一蹴而就、一劳永逸的协调举措都不切实际；⑧受不同时期、地域文化、制度环境等影响，规划转型具有相当的发散性、多向性特征，这也要求规划协调应结合当时当地背景，因地制宜，不能希求一种完全通用的协调模式，尤其我国政治制度独特、地域差异较大，更需要多样的规划协调探索。

5.2.2　追求空间规划协调的误区解读

　　针对我国空间规划的不协调问题，学术界及各规划部门的探讨由来已久。一些地区也开展了规划协调的实践尝试，但实施进程相对缓慢，实践效果与理论设想差距较大[80]。如果仅从技术上进行研究，而不涉及部门体制改革和有效协调机制的建立，就依然无法清除各规划之间所固有的权益矛盾，规划协调的实效性、可操作性也难以保障。具体来看，将现有的国土规划、土地利用规划、区域规划、城乡规划、环境规划、主体功能区规划等纳入到一个统一的空间规划体系内，来探讨其协调问题已得到共识[16, 28, 102, 103]。但对体系框架内"多规合一"的认识却存有偏差。一般认为，"多规合一"即实行空间规划的统一管理，将空间规划职能统一到一个主管部门之下[7]，也有学者指出应创立一种新的规划形式（空间规划）来囊括当前众多规划，并辅以《空间规划法》作为保障[19]。但这样途径选择并不能使众多规划内容重叠、多头管理等问题得到实质性解决，反而将矛盾内部化，把空间规划的协调工作带入误区。从而让各规划失去了自我，也迷失了方向（图5.2）。

第一，"多规合一"并不符合空间规划的发展趋势。回顾我国空间规划的发展历程，不难发现，如今的"多规"是从"一规（国家经济与社会发展计划）"中产生、演变而发展起来的。各规划是不同政府管理部门为适应市场经济发展需要，不断转变调控手段和管理职能方式的产物；是顺应转型需要的现实举措。众多规划各有分工，如城乡规划主管城镇与乡村发展建设、土地利用规划主管土地开发利用与耕地保护、环境保护规划主管生态环境保护、主体功能区规划负责政策分区与功能定位等。可以说，随着市场经济的不断发展，社会分工将更加专业化、多样化，这也要求政府部门提供更加专业、多元、高效的规划服务，以及时准确地弥补市场缺失，保障公共利益。由此来看，从国家发展和改革委员会、国土资源部和城乡规划建设部门对空间规划你争我夺的"三国演义"，到环保、水利、林业、旅游等相关部门的"诸侯混战"也就不难理解[104]。倘若盲目实行"多规合一"的协调举措，很有可能重新回归到计划经济时期的一盘棋模式，这不仅有违于社会主义市场经济的发展趋势，也不利于政府管理效能的提供。

第二，"多规合一"并不能消除规划间的权益矛盾。现阶段规划协调的探讨大多在谋求多规所属部门权益的重新划分。纵向上，将权力过于集中在地方，往往容易造成土地蔓延、资源浪费、环境污染、耕地失控等问题；过于集权于中央则会陷入计划经济低效、僵硬管理的危机。横向上，各职能部门间的责权划分也受利益趋使、历史因素等问题的影响难以明晰。因此，如何避免权事重新划分所带来的"一收就死、一放就乱"的管制矛盾，建立良好的规划运作机制，明确不同层级和部门的责权范围，才是真正实现规划协调的基础和前提。在当前政府管理制度改革过程中，盲目、贸然地进行"多规合一"，不但不能化解部门的权益矛盾，甚至有可能激化问题，使规划协调工作更添难度。

第三，"多规合一"尚未具有完备的法律基础。健全的法律体系是规划得以实施的有力保障。综合来看，土地利用规划出于对土地所有权与使用权的限制，以及国家粮食安全等的考虑，其法律地位较高，所依托的《土地管理法》也带有强制性色彩；区域规划虽然已得到关注，但尚缺少法律支撑；城乡规划因公共政策属性，其法律基础（《城乡规划法》）也具有较高法律地位；环境规划的支撑法《环境保护法》因为广泛的约束型也具有一定的强制性效力；主体功能区规

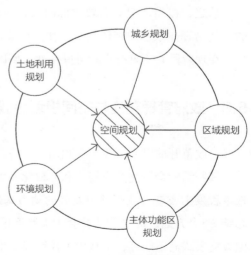

图 5.2　空间规划协调的误区

划是基于空间定义的综合性政策引导，虽有中央政府的政策精神支撑，但没有直接的立法支持。由此可见，各规所依托的法律地位不同，如果进行整合，必然需要制定新的法律基础，而这一过程定会涉及多项法律、规范的修订，可谓难度大、时间长，困难重重。即使编制了理想的《空间规划法》，其法律地位也难以界定，对规划的编制、审批、决策、实施、管理和监督等也需大规模的调整。

第四，"多规合一"不利于政府管治的实施。随着政府行政方式由传统的管理（government）向管治（governace）转变，将城市管治理念应用于实践的呼声越来越高[105]。全球化管治委员会曾经指出管治的四点特征，即管治不是一整套规则，也不是一种活动，而是一个过程；管治的基础不是控制，而是协调；管治既涉及公共部门，也包括私人部门；管治不是一种正式的制度，而是持续的互动。而"多规合一"的显著特征是一元和单向的管理方式，因此，两者的矛盾显而易见。更何况当前绝大多数"多规合一"也只是形式上的消除多头管理，实质还是"多规并存"的局面。形式上的合一，并不能带来政府行政实效的提高，反而容易导致主管部门权力的滥用和无序管理。所以，在政府公共行政方式转变的今天，从地方层面上讲，"多规合一"并不完全可行。

第五，"多规合一"的实施缺乏可操作性。倘若在实际工作中进行多规合一的尝试，必然会遇到规划编制内容、组织方式、审批、决策等诸多问题。首先，多规合一的编制所涉及的内容庞大；其次，在现有各规划编制尚不同步的情况下，必然需要一段较长的调整周期进行磨合；最后，多规合一的成果审批是多部门的联合决策，还是某一机构的统一管理？会否因为内容庞大而造成批复漫长，从而导致规划缺位？这些问题都难以解决。在现实中，虽然已有不少城市相继进行了两规、三规，乃至多规合一的探索，但具体来看，仍缺乏实施细则和机制保障，很多成果也难逃"纸上画画、墙上挂挂"的尴尬。

总之，在尚未建立高效的部门权益协调机制的情况下，不应急于打破现有部门分治的空间管理体系。加之体制、法律、规范等所限，"多规合一"只能是规划协调的理想目标，在现阶段并不具有实际可操作性。所以，不能将其作为解决规划矛盾的唯一途径。

5.3 政府管理制度与空间规划协调

自改革开放以来，我国在政治、经济、社会领域发生了巨大的制度变迁与转型。有学者将其归结为全球化、市场化和分权化三大因素的共同影响[96]。而这一系列剧烈变迁正从根本程度上改变着我国城市发展的动力基础[116-118]。吴缚龙将中国多重转型下的制度转变总结为8个方面，即：①从社会主义制度模式下的国家再分配经济向市场调节经济转变，但最终模式尚不明确；②从国家控制经济生产向国家调控市场转变；③从中央集中决策和资源自上而下的分配，向财政分权化和较大的地方经济自主转变；④从集中于重工业的外延式国家工业化，以满足中央计划下的强制性生产配额，向满足全球和国内市场需求的商品生产转变；⑤从低效的国家经济为主的工业化生产，向面向全球市场的消费商品的生产制造业转变，或者说是从"国家工厂"向"世界工厂"的转变；⑥从在资源约束条件下过分强调生产国家认为适当的物资，转变为较为均衡的消费品及服务业的生产；⑦从土地公有（国有和集体所有）和土地的无偿使用，向很大程度上遵循以地价的区位为原则的土地有偿使用的转变；⑧从由工作单位实质上免费供应住房向住房商品化转变[91]。而在此形势下，政府部门如何应对，以体现市场经济取向，并与多重改革相适应，将直接关系到我国宏观调控管理等权力行为的有效发挥。

如果说计划经济体制下，政府对社会的管制存在过刚或过剩的话，那么渐进式、双轨制的改革，已成为当前政府权力行为方式转变的主要特征[86]。市场经济条件下，政府的主要任务和职能在于应对市场失灵和促进社会公平。因此，提供公共产品、维护市场秩序、承担改革成本、强化社会职能、弱化经济职能，建设公共服务型政府将成为新阶段我国政府改革的基本目标[119]。

对于我国的空间规划而言，在经历了从纯粹的技术工具向独立的行政职能转变过程后[6]，市场经济体制下规划转型的基本方向更加强调其公共政策属性，其基本工作内容是"公共事务"，主要服务对象是"全体市民"，基本出发点是"保护全体市民的长期利益"[120]，这也与政府部门的基本职能相吻合。因此，空间规划作为一项政府行为，空间规划管理作为政府架构的重要组成部分，空间规划在政府管理体制制度下的实施运作，以及目前体制制度转型的基本事实，可以也应当成为空间规划协调研究的基本出发点。正如2011年规划年会"转型与重构"中所明确指出的：规划要实现转型并进行重构，就必须充分认知社会经济发展转型的内涵，动态及其可能的方向与成果；充分认知为实现社会经济发展转型目标的各线政策措施的具体内容、实践手段和操作方式；充分认知规划在社会经济发展转型过程中的作用以及可以作用的方式。本节内容由此展开，尝试从政府管理制度变革的视角出发，探寻空间规划协调的外在途径。

当前，我国已有一大部分城市进入了规划工作的成熟期，即工作重心从"发展的增量规划"转向"管理的存量规划"[121]。因此，规划管理越来越关系影响到规划效能的发挥。

空间规划作为一项政府行为，其体系的构成与职能作用范畴都是由政府管理体制制度决定和规范的。规划的编制、实施与运作也都是在政府管理体制架构的基础上才得以展开的。因此，政府管理体制制度所存在的问题也将直接影响到空间规划作用的发挥。而政府管理的具体方式和组织架构的改革、转变与调整也将在一定程度上影响空间规划的发展走向[29]。正如刘新卫针对国土规划发展所指出的，改革开放初期对我国政府职能转变的现实要求催生了国土规划，但随着政府职能转变相对于经济体制改革的滞后，也影响了国土规划工作的正常推进[122]。所以，可以认为政府管理制度与空间规划协调具有紧密的关联

度。首先，空间规划协调作为规划管
理制度建设的一项内容，其实质是政
府管理制度的组成部分。其次，由于
政府管理制度主要涉及机制、体制和
法制三方面内容（三者的关系是：一
定的机制寓于一定的体制当中，并通
过一定的法制手段确定和反映出来），
其实质是一种权力与利益的部署和安
排，而各空间规划作为对空间资源及
其所隐喻利益的再分配过程，其相
互间协调的本质也同样是对权力的分
割、分配及运作的协调。最后，两者
的维度范畴基本相符。城市政府管理

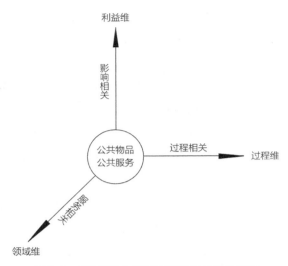

图 5.3　城市管理与空间规划协调的相关维度

主要以公共物品、公共服务为中心，主要涉及领域维、利益维、过程维三个方面的拓展与
延伸，而空间规划协调实质也是在这一范畴维度下进行的，只是中心更为明确——空间资
源及其利益的再分配（图5.3）。

　　因此，造成当前各类空间规划冲突、矛盾的原因不仅仅在于规划自身的构成、侧重点、
功能属性、运作方式等方面的差异。作为空间规划得以有效发挥的基本结构框架，政府管理
体制制度的作用也非常明显，而且具有一定的主导性特征。所以，有学者（武廷海，2007）
指出，应该从更高层次，把握空间规划体系的变化趋势，从根本上理顺空间规划体系，保证
空间规划的长期性、战略性、综合性，而不是各部门规划追求的自成体系、各自为政。

　　当前，几乎所有与规划协调相关的研究都或多或少涉及政府部门的调整、职能的转
变、组织机制的改革等一系列内容。但空有美好设想却没有完整的制度体系创新研究，众
多举措也多沦为一纸空文或新的墙上图画。此外，虽然一些城市如上海、深圳、武汉等对
城市规划部门和国土资源部门进行了合并重组，并取得了一定成效（如"两规合一"），
但主体功能区规划、环境保护规划并未受到关注，简单的对规划部门的拆合，并不能使规
划的不协调问题得到根本性解决，何况现行的规划管理框架不易被先行打破。因此，将空
间规划协调与政府管理制度变革联系起来进行探讨研究，既符合规划发展内在要求也应和
了政府转型的外在趋势。

5.4　政府规划管理中所存在的问题及原因解析

　　长期以来，各规划管理职能部门之间相互推诿、争夺管辖权、多头管理、执法打架等

现象在规划行政中广泛存在，这不仅影响了规划管理的整体效率，破坏了规划自身在社会公众心目中的地位和权威性，更严重损害了规划效力的发挥。虽然近年来随着城市经济社会的发展和市场经济体制的建立与完善，各地、各级规划管理部门进行了积极的探索和尝试，并在不同程度上推动了规划管理部门工作的改革，但实际工作中仍然存在诸多问题，这其中既有客观环境的原因，也有主观操作以及制度性的原因。

5.4.1 问题的主要表现及其危害

问题表现一：中央对地方政府的规划建设行为缺乏有效的调控手段。随着中央不断向地方分权，地方政府在经济发展中的作用和对城市发展的控制进一步强化[123]。而国家和省一级的规划管理力量相对较为薄弱，对地方规划决策、建设行为及实施过程缺少有效的调控和监督，致使土地恶意竞争、环境破坏、违反乱建等现象层出不穷。"企业型"政府、"土地型"政府、"形象型"政府的称呼也普遍存在。一方面，重复建设、政绩工程难以遏止，另一方面上级政府缺乏及时有效的调控制约。许多城市所编制"城市发展战略规划"，实质就是地方政府对竞争环境做出的一种应对[91]。

问题表现二：规划管理体制不顺、矛盾重重。由于计划经济体制下形成的管理体制过于强调纵向"条"的领导，而疏于横向"块"的协调，加之结构惯性难以短期改变，致使从国家到地方层面的规划职能部门因权事交叉、模糊而引发的多头管理、相互扯皮等冲突现象时有发生。虽然许多西方学者认为中国强力的中央集权和垂直管理体系，理应能够实现多类规划的统一，但如今国家行政权力正在部门化[2]，而各部门却又自成体系，彼此封闭，缺乏信息资源的有效交换与共享机制，相互间的协调运作制度也有很多缺陷。如此情况，往往造成难以理解的结果。如各个规划职能部门都没有错，但本该办理的事情却办不下来；各部门都没有错，但不可以办理的事情却办下来[124]，这不能不说是一种尴尬。正如孙施文所指出的，政府部门的分而治之和不相协调，不仅导致政府行政综合管治能力的下降，更使一定区域范围内以横向协调为核心的规划作用被弃置[29]。

问题表现三：城乡二元分治不利于统筹协调。城乡地域的二元分治使本应从整体、统一视角行进的规划管理工作分割成"城"与"乡"两个部分。虽然目前在某些地区得到了不同程度的缓解，《城乡规划法》也明确提出打破城乡界限，实现城乡对空间资源统一配置的要求。但城乡分治思想根深蒂固，一时难以完全清除[125]，加之发展计划部门、城乡规划部门、国土资源部门、环境保护部门处于平行状态，其各自对"城"与"乡"的管理也有差别，难以统一。如目前体制下，由于部门和层级的条块分割，使本应从整体统筹入手生态规划管理被人为地肢解，各部门规划都涉及环境内容，但生态环境仍然难以保障。

问题表现四：规划行政法制建设缓慢，体系尚不健全。科学理性和民主、法治是现代社会政府行政的基本要求，而当前，一方面我国空间规划所依附的相关法律之间存在众多条目的冲突，相关标准和统计口径也存在差异，如土地利用总体规划采用的建设用地、农用地和未利用用地，8个一级类和47个二级类标准；城市总体规划采用10大类、46种类和73小类的划分方式，两者缺乏数据的直接沟通和可比性（图5.4）。另一方面，相关法律并未对政府机构形成有效的权力限制。广泛、实效的公众参与机制并未真正建立。绝大多数城市的规划过程依然不够透明，所谓的公众参与也多以形式为主，对规划行政行为也缺少有效监督。因此，可以说，我国空间规划的法制化建设进程依然相对缓慢，亟须完善。

综合来看，当前规划行政管理部门之间的矛盾冲突已愈发表露出以下几点特征：①矛盾冲突表现公开化。本应只属于政府各层级或部门之间的内部分工问题，却因为彼此间的职能交叉、规划相悖而变为相互指责和推诿。②矛盾冲突范围扩大化。据不完全统计，在

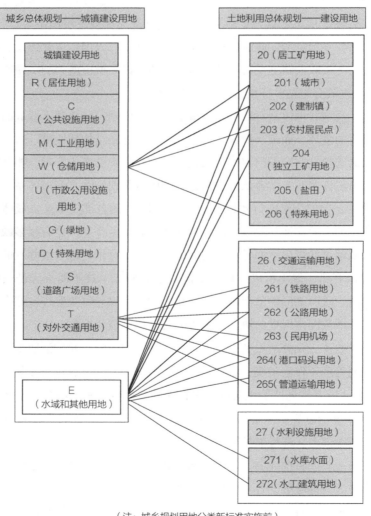

（注：城乡规划用地分类新标准实施前）

图5.4 城乡总体规划与土地利用总体规划用地分类对照

2008年新一轮的机构改革之前，国务院各部门之间有80多项职责存在交叉，例如仅住房与建设部门就与发改委、国土部门、交通部门、水利部门、铁路部门等多个部门存在指责交叉[126]。而随着部门改革及职能范围的扩大（比如由城乡二元分离管理向城乡统筹转变），其相互间的矛盾冲突也越发普遍。③矛盾冲突内容的法律化。无论是互不相认的消极冲突，还是互相争权的积极冲突，各方似乎都是在依据法律条款的管辖行政。可偏偏经法律授权、符合法定程序的依法行政，却更多地演变成了"依法打架"，相关法律、法规既成了冲突依据，也成了规划行政矛盾的根源。

　　总之，当前政府规划管理制度中所存在的诸多问题，不仅增加了行政成本，降低了行政效率，更使公共利益没有得到及时有效的保护，从而影响了规划部门的权威，造成了民众对政府的信任危机，例如2010年，一些城市因暴雨造成的大量积水，从而引发公众对规划、市政、建设部门的广泛质疑。

5.4.2　产生矛盾冲突的原因

　　一般认为，产生矛盾冲突的根本原因在于法律、法规等行政部门的设置不当、职能权限的划分不清，以及利益的驱使等因素。而实质上，这其中的缘由极为复杂，既有客观原因，也有主观原因，当然也离不开制度的原因。

　　客观原因：

　　（1）经济社会事务的复杂性和关联性。由于经济社会的复杂，一些领域（如空间规划管理）的行政机关之间的权限交叉、重叠有其客观必然性。只有存在职能分工，即使消除了造成行政权限纠纷的人为因素，权限冲突也无法根除。比如在水环境保护管理方面，城乡规划部门、环境保护部门、海洋部门、水利部门、土地资源部门、卫生部门等对此都有所涉及，尽管各部门的职责权限有明确划分，但实际操作中问题频发。"九龙治水"却一水难治的水污染事件也时有发生。将其简单地归咎于机构设置不合理、部门授权不科学、职权划分不明晰，并寄希望于简单地依靠机构重组来解决矛盾的想法，显然是忽略了社会事务本身的复杂性和关联性。

　　（2）部门行政的客观存在。部门行政是专业化分工的产物。一般指把行政权力分配给不同的职能部门，各自在其职责范围内的决策与执行。虽然部门权力正在利益化，但部门利益只是部门行政的结果，其原因就在于部门行政本身的客观存在，即便是在高效行政的美国，各部门领导的目标也是自己的计划而不是总统的安排[127]。对我国来说也不例外，部门行政并没有伴随计划经济体制向社会主义市场经济体制转型而弱化或消退。相反，它将依靠其对各类专项资源的调控而长期存在。尽管政府行政改革强调减少弱化部门行政，建立公共行政[128]，但基于专业化管理的职能分工仍然无法避免，现行行政管理组织方式更不能抛弃部门行政而彻底重构。

主观原因：

（1）协作合作意识欠缺。由于看待事物的角度和主观认识不同，在面对需要协作、配合来共同完成的行政事项时，各部门往往只顾自身。合作意识的欠缺使本应实现统筹、协调功能的规划工作陷入僵局，加之协调监督机制的缺失，让协作工作更无动力可寻。

（2）部门利益明争暗夺。受利益和权力驱使，一些职能部门千方百计地想在职责所属或交叉、延伸领域中扩大影响、提高控制力，而无利益可寻的地方则脱身远辞。如此有利相争，无利推诿的行为致使很多该管的事没有管好，不该管的又争相插手，于是执法管理中缺位、越位等问题严重，所谓的"统一高效"被人为地肢解了。

制度原因：

（1）部门机构设置不科学。虽然我国各级、各地人民政府对职能部门机构的设置都已有一定的安排，但行政组织法并未对职能机构划分做出明确的规定，许多地区在行政机关职能部门的设置上有很大的随意性。此外，众多临时性机构、新设立机构也未能与现有机构建立良好的衔接和组织关系。如原本同省两市由于一方进行了部门机构合并重组，致使原本属于对口职能部门的工作衔接出现混乱，彼此摩擦也多有发生。

（2）职能划分不分明。由于社会事务的复杂性和关联性，在划分行政部门职能权限时，难免形成多部门职权的交叉重叠。如进行主体功能区规划的编制与实施时，就涉及发展和改革部门、城乡规划部门、土地资源部门、环境保护部门等多部门的职能交叉，其中具体的职责权限范围、内容更是难以明晰。可以说，把一项行政职权授予多个行政部门来实施，抑或对待同一事项不同部门执行的规范矛盾，都在不同程度上致使了职能部门的权限模糊。此外，一些部门条例的出台更使其相互间的冲突复杂化。

（3）协调机制欠缺。由于多部门的联合、协作行政难以避免，所以能否在交叉（或衔接）事务中相互协作，形成合力就成为关键。虽然相关法规对协调、协作行政有所说明，如《城乡规划法》第五条要求城乡规划与土地利用规划相协调，但各部门之间具体应如何操作，法规中却并未做出详细规定和解释。除相关文件对协调工作有所说明外，一般法规都较为笼统，协作机制明确欠缺，对协调工作的具体实施更是缺失有力的监督。由此致使相互间不配合、不协作，甚至"不认账"等行为事件时有发生却无人问责，相关协作的规定提议也多沦为一纸空文。

5.5 现行政府规划管理制度改革的探索与局限

随着市场经济体制改革和社会经济发展转型的不断深化与推进，作为改革重要环节的行政管理体制改革，必然影响并将直接关系到我国政府规划管理事业的发展走向。在此仅围绕与空间规划协调相关领域对现行政府管理制度环境的改革与创新做具体分析，究其成败得失，以求为建立有效的空间规划协调制度框架寻求实践经验。

5.5.1 政府管理制度改革的总体趋势

政府管理制度改革是一个长期性的复杂过程，涉及多方面的权力、利益和关系的平衡问题。马凯就曾指出，中国改革已经进入了新的攻坚阶段。虽然目前我国社会主义市场经济新体制的"四梁八柱"已经建立，但是要进一步深化改革，改革的系统性、复杂性、风险性在加大，目前改革的任务依然艰巨（马凯，2007）。在新的形势下，中国将把政府管理体制改革放到更加突出的位置，更加注重其社会管理和公共服务职能，使政府直接干预微观经济活动过多的局面得到根本改观。这就要求一方面，政府职能需向公共服务倾斜，按照"经济调节、市场监管、社会管理、公共服务"的要求，合理界定政府在市场经济活动中的职责范围，积极推进政企分开、政事分开以及政府与中介组织的分开。在抓好经济调节和市场监管的同时，更加注重社会管理和公共服务。另一方面，需要不断地推进政府机构的改革，建立"决策科学、分工合理、执行顺畅、运转高效、监督有力"的行政管理体制。按照精简、统一、效能的原则和决策、执行、监督相协调的要求，完善机构设置，理顺职能分工，合理划分中央和地方经济社会管理权责。全面推行依法行政，强化外部监督体制，实行政府行为责任追究制度，完善政府自我约束机制。

为便于理解，笔者将我国政府管理制度改革划分为政府职能转变和政府管理体制改革与创新两大部分来理解。当然，实际上，两者相互联系、密不可分，不能简单地割裂来看，本文的划分也仅限于对当前我国政府管理制度改革主要特征的理解。

一方面，政府职能亦称行政职能，是行政机关、依法对国家政治、经济和社会公共事务进行管理时应承担的职责和所具有的功能[129]。主要涉及政府管什么、管到何种程度以及如何管理的问题，是关于政府角色定位的基本问题，决定了政府活动的范围与方向。改革开放以来，国家对深化政府机构改革、加快政府职能转变的要求从未间断。从党的十四大提出的政府职能主要是统筹规划、掌握政策、信息引导、组织协调、提供服务和检查监督，到党的十六大进一步指出的社会主义市场经济条件下，政府的主要职能是经济调节、市场监管、社会管理和公共服务的角色定位，再到如今提供公共产品、维持市场秩序、承担改革成本，建设公共服务型政府已成为新阶段我国政府职能转变的基本目标[83]，重点强调政府职能的有限与有为，即职能范围的集中和行政能力的提高[130]。

另一方面，政府管理体制亦称行政体制，是行政机构设置、行政职权划分与运行及为保证公共行政管理顺利进行而建立的组织体系和制度的总称。改革开放以来，以机构改革为主线的政府管理体制改革不断深入，为逐步建立与社会主义市场经济体制相适应的政府管理体制奠定了基础[129]。在党的十七大报告中明确指出，行政管理体制改革是深化改革的重要环节，要抓紧制定行政管理体制改革总体方案，着力转变职能、理顺关系、优化结构、提高效能，形成权责一致、分工合理、决策科学、执行顺畅、监督有力的行政管理体制。规范垂直管理部门和地方政府的关系，加大机构整合力度，探索实行职能有机统一的大部门体制，健全部门间协调配合机制。精简和规范各类议事协调机构及其办事机构，减少行政层次，降低行政成本，着力解决机构重叠、职能交叉、政出多门的问题。国务院《全面推进依法行政实施纲要》也明确将改革行政管理体制作为我国推进依法行政、建设法治政府的目标。通过改革，使中央政府和地方政府之间，政府各部门之间的职能和权限比较明确；保证行政管理的公正性和有效性，打破部门保护、地区封锁和行业垄断；建立起行为规范、运转协调、公正透明、廉洁高效的行政管理体制和权责明晰、行为规划、监督有效、保证有力的行政执法体制[32]。

综合来看，加快政府职能转变、深化政府管理体制改革，努力建设服务型政府，提高依法行政能力，已成为政府管理制度改革的总体方向，这不仅适应了当前世界公共行政改革的发展趋势，也体现了新的社会经济发展时期对政府公共管理的现实要求（图5.5）。

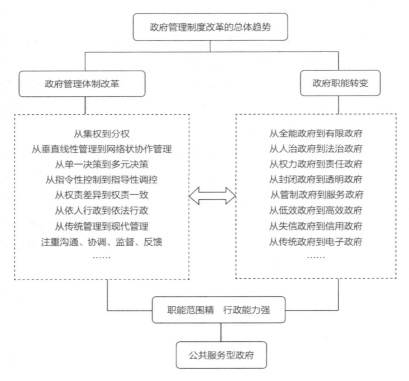

图 5.5　政府管理制度改革的总体趋势

5.5.2　规划管理制度改革的实践探索

政府管理制度改革日益深化的宏观背景，以及民主化、法制化、科学化、公开化步伐不断加快的总体环境，规划管理制度改革与创新的要求也显得尤为迫切。综合来看，对规划管理制度改革的要求主要反映在两个方面，一是规划与外部关系的调整，即规划与市场、与社会公众等关系的重新定位；二是规划的内部结构重组，即规划职责、权力在中央与地方及各部门之间的再分配。由于空间规划协调更多的局限于规划内部结构，因此本文的研究仅限于后者。笔者将近年来我国规划管理制度改革的主要特征归纳为以下三点：

（1）整体决策权的转移。长期以来我国规划决策的"中心化"问题严重，由此导致的决策结构失衡和决策失误等问题显著[132]。而近年来随着利益多元化所带来的行为目标多元压力的增长，以及信息公开、社会公平等公众民主意识的提高，规划管理决策体系已向多方向、多中心转变，这不仅包括自上而下（从中央到地方）和由内而外（从封闭到开发）的权力下放，也伴有自下而上（从被动接受到主动参与）和由外而内（从无序到有序）的公众参与和法治监督的提升。张庭伟认为，这些变化既体现了中国传统哲学和社会主义理论在中国实践的延续，又反映出改革开放实行分权后的新现象，也折射出现代西方规划理论自下而上的决策模式对中国城市领导人否认和规划界的影响，是属于中国特色的转型期的规划过程[54]。但无论怎样，决策权的转移只是规划管理制度改革中的一环，应当和公众参与相结合，并与法制的健全和监督机制的完善同步进行[120]。虽然目前绝大多数的规划决策过程还属于"形式参与"，但随着改革的深入和相关制度的建立，"以民为主"的规划将进一步落到实处。

综合来看，近年来从国家到地方以及各部门之间所积极探索的联席会议制度、委员会制度等已取得较好成效，在规划管理制度改革的整体决策权转移方面积累了一定经验。但无论对于哪一种制度改革来说，决策权的调整和实施都应以法律为依据。在法律规范体系、监督机制尚未健全之前，不宜盲目调整。

（2）纵向权力的再分配。改革开放以来，传统的中央政府在政治、行政、经济、财政等方面的高度集权，向自上而下的地方分权转变。权力中心的分散化促进了地方政府对发展经济的巨大热情[133, 134]。一方面，中央政府对地方城市建设的控制明显减少，地方自主权不断扩大。可以说，转型期的地方政府已成为一个超级企业[135, 136]，其发展经济的能动性与积极性空前高涨，这也使得地方政府间的竞争明显加强。另一方面，中央政府的调控意识也并未因此缩减。在中央统一领导下的中央与地方的博弈正体现了"调动两个积极性"的原则。可以说，一个网络化的中央地方政府关系正在逐步取代原有的垂直关系体系[191]。而规划作为政府的一项重要调控手段，其功能与作用也随之变化。从严格落实中央和上级目标的纯粹技术工具向满足地方需求、应对中央调控的综合公共政策演进。"战略规划"的出现正是顺应了这一转变，其实质是地方政府对激烈竞争环境的回应（吴缚龙，2007），由此也导致了诸多城市之间的冲突和区域性的矛盾产生。

近年来关于中央政府和地方政府间权事划分及如何处理区域、城市间竞争与协调关系的研究备受关注。一般认为，国家和高层级的规划应强调战略性和政策性，为地方政府的规划工作提供宏观引导，并进行审查和监督，使地方行为符合国家和高层级的整体与长远利益；而地方规划既要"转译"国家和高层政府的政策要求，也要能动地制定地方的政策体系[101]，突出其决定权、处罚权、监督权和考核权。同时，在区域层面建立系统的协调机制，以减少内部的恶性竞争，提升整体实力。其中具有代表性的实践探索当数长江三角洲地球所进行的行政区划改革和珠三角地区所编制实施的《珠江三角洲城镇群协调发展规划2004—2020》，前者通过行政协商手段进行了区、市、县的权力再分配，并在一定程度上推动了地方政府关系转变和行政管理体制变革；后者则通过规划途径实现了区域资源的整合，达成了地方政府"从只想当单打冠军，到争当团体冠军"的共识[137]。

（3）横向权力的重组。部门分割是权利纵向分级体制的副产品[125]，多表现为众多平行部门间的职能交叉、相互扯皮等多头管理或真空管理等问题。目前规划管理部门横向的协调关系主要集中在计划部门、城乡规划部门、土地部门、环境保护部门的组织架构上，而其各自主要规划类型的协调整合也成为寻求新型规划工作流程框架的重要突破口[138]。当前，规划管理改革的首要问题是改革规划工作的职能范围，即形成部门职责体系健全、事权清晰、功能明确、行为规范、程序协调的管理机制，并充分发挥利用政府管理体制内的各专业部门的作用，相互协作，形成合力。正如孙施文针对城市规划工作所指出的，应以基本职能为基础，减少涉及其他职能，以减轻城市规划不能承受之重[53]。而在此基础之上如何建立完备可行的部门间合作、协商制度，以平衡各方利益和行为规则，就成为其关键所在。

首先，应当承认多部门并行的土地—空间—环境管理模式本身并不存在"问题"。因为专业的划分往往使管理更加高效，但必须以良好的分工协作为前提[139]，并从法律的高度明确各部门的职能和权责等问题。其次，由于我国的改革进程受到了具体国情的限制，而更倾向于选择一条稳妥、谨慎、渐进的改革道路[91, 96, 140]。因此，现有的国家管理体制框架不宜立即完全打破，规划管理制度改革的步伐也需循序渐进。最后，部门机构的改革往往采取改组、合并、调整政府机构的方式进行，但机构的精简、部门的合并，权力的下放都只是手段，而不是目的[121]，衡量规划管理制度改革的标准只有一个，即使规划成为公众参与决策的有效途径，以维护社会、环境的整体和长远利益。目前，在规划横向权力重组方面所建立的部门协调制度、行政协助制度、委员会制度、综合执法制度、领导小组制度，以及正成为新一轮行政机构改革重点的大部门制都在不同程度上实现了部门利益的淡化和规划工作整体效能的发挥。其中，代表性的地方实践有深圳市基于"一张图"理念所创建的规划管理信息系统的应用[141]；武汉市实行的城市规划部门与土地资源部门的合署办公机制[142]；上海市进行的城市规划部门与国土资源部门机构合并，以及"两规合一"的工作框架[79]；浙江省富阳市按照改革政府行政管理体制要求所实施建立的大部门规划统筹委员会制度[143]；大连市利用《环境保护总体规划》编制与实施的良好契机，寻求建立的城市总体层面的"三规合一"机制；北京市的"五规合一"；重庆市的"四规合一"实践；等等。综合来看，多样的改革探索正在积极展开。但无论怎样，规划管理体制制度的改革必然涉及部门利益的调整和权力的再分配，其过程虽然是艰难的，却也是必然的。

　　至此，笔者将近年来有助于解决协调问题的规划管理制度举措归纳总结为表5.2，对其主要特征进行总结分析，为建立有效的规划协调制度框架寻求实践经验。

面向协调的规划管理制度举措　　　　　　　　　　表 5.2

主要制度类型	综合行政执法制度	领导小组制度	行政协作制度	行政协助制度	部门协调制度	委员会制度	大部门制度
基本内容	通过机构整合方式统一各项行政执法权限，以提高行政效率，避免多头管理	通过在各相关职能部门之间成立一个议事协调机构来统一组织和部署各部门的行政活动	建立在平行职能部门之间的一种横向联合管理方式	行政机关提供职务支持以帮助请求机关实现其行政职能	依据法律规划或政府授权，由主观部门或专门机构进行的带有一定权威性的协调途径	按职能性质将相关部门组织在一起成为一个新的实体或行政主体的管理模式	通过对职能相对接近部门的横向设置调整，统筹原本分割的职能权力以避免政出多门、多头管理的政府重组行为
主要形式	城市综合行政执法	各类议事协调机构	联合执法联席会议联合发文联合办公区域协作	行政协助请求行政协助支持	主管部门协调专业机构协调	专委会	大类部门
主要功能	决策协调	决策协调审议	协调审议	咨询	决策协调	决策咨询审议协调	决策审议协调
机构性质	独立	独立	—	—	非独立	独立或非独立	独立
是否进行机构重组	否	否	否	否	否	否	是
局限与问题	其本身依然存在于其他部门的职权交叉重叠等协调问题	领导小组的过多设置动摇了各职能部门的职能分工和在法定职权范围内独立履行职责的基础	利益导向明显，同时缺乏法律上的强制力和保障实施机制	带有利益性和保护主义色彩，缺乏可操作性和法律保障	1. 利益导向决定参与协调的积极性；2. 高级别部门机构主导协调的效果好，同级或低级别主导协调的效果差。	法定地位与隶属关系不清，权力与责任有待进一步明确	1. 通过部门整合可能会使外部矛盾内部化；2. 仅仅依靠机构设置改革，无法从根本上解决部门职能转变和部门权限冲突问题，还需更深层次的制度改革。

5.5.3 面向协调的制度探索局限

从相对集中的行使决策权的综合执法到各类议事协调机构的成立，从多种联合行政制度、委员会制度的建立与完善到大部门制的创立和部门间协调配合机制的健全，致力于解决职能交叉、政出多门等协调问题的规划管理制度改革探索无一不体现出我国各级政府和部门对提供规划管理水平，实现统筹规划的意愿和努力。可以说，这些创新性的制度改革举措无疑在解决规划协调问题时发挥了积极的作用，在一些地区的实践也获得了良好的成效，其作用在今后也将继续发挥。诚然，我们尚不能断言这其中孰优孰劣，但不可否认，制度创新确实为规划协调提供了有力保障。然而，针对解决规划协调问题来说，现行的制度探索也存有局限。笔者就其中的主要问题做简要论述。

第一，注重各规划部门间的协作，而忽视了对解决矛盾冲突途径的思考。通过行政管理体制的改革以及相关协调制度的建立，强调从根本上消除规划冲突的来源，确有助于减少或避免规划多头管理等矛盾冲突的产生，但诸多潜在性问题并没有被化解。比如专业化所带来的分工与协作要求，一旦有争执发生，难免措手不及，尤其在面对"规划打架"问题时，如何通过有效的组织途径和系统程序加以协调裁定，而非简单的领导定夺，就显得颇为重要。而这一点却被当前的改革探索所忽视，即过于强调预防规划冲突的协调制度设计而忽视了解决矛盾冲突的程序制度创新。

第二，注重机构、组织的建设，寄希望于通过行政手段来简单的解决问题，而不是更深层次的体制制度变革，尤其在协调的法律制度建设方面关注甚微。针对规划管理上的权限冲突，当前的认识更多的将其归咎于机构设置、职能配置的不科学和不合理，改革措施也更多地倾向于各类机构组织的新增和建设，大部门制则属于极端措施，实现了在一定范围内部门重组。而单纯的行政手段并不能够彻底地解决规划管理上的冲突问题，大部门制也不能否认职能分工与协作的存在。实现规划协调管理还需通过更深层次的制度变革和法治化的途径来解决，而这些却并未被现有的改革措施所重视。

第三，过于注重部门间的内部协调，尚未形成解决冲突矛盾的外部核心机构，也缺乏统一、完整的协调裁定法律依据。原则上产生规划管理矛盾时，应首先鼓励和强调各部门的内部自行协调，而现实中受到权力利益驱使，多数争议部门机关并不愿意主动寻求协调。因此，引入外部途径进行调节裁定就显得尤为重要。在现行的解决权限争议的途径中，一般认为主要有三种，一是议会途径，二是行政途径，三是司法途径，其中行政途径的应用最为普遍[126]。而一旦规划管理冲突发生，在各方自行协商不成的情况下，由于没有明确的冲突裁决机构，也只能交由上级领导或采取议会形式解决，具体的判定也由于缺乏统一、完整的法律依据和法定程序，而失去规范性和权威性，成为就事论事的拍板决定，即仅关注行政手段而缺少司法途径的考虑，加之现有一些单行法、专项法及规范彼此矛盾的存在，新的规划管理协调之路也举步维艰。

5.6　本章小结

本章分别从规划转型和政府管理制度变革的双重视角，透视指出了空间规划协调的内在机制与外在途径。认为：一方面，空间规划协调应与规划转型的路径相契合，即在规划转型的过程中实现规划协调；另一方面，空间规划协调必须充分考虑政府管理制度变革对其的影响和作用，即在制度变革的进程中实现规划协调。总之，规划转型是规划事业不断走向成熟和秩序的内在要求。空间规划协调作为规划转型的一部分，两者的关系有待进一步明确。而由于规划本身就是政府行为，所以除去规划自身更新完善的内部协调外，还需充分认识和把握政府管理体制制度变革对空间规划协调的影响和作用。

第 6 章

空间规划协调的理论框架

通过对空间规划发展趋势、时代困境以及各规划主要内容、特征、功能等多方面的分析，结合上文对规划转型和政府管理体制制度改革双重视角下空间规划协调困境与误区的解读，笔者认为，一方面，当前我国的空间规划协调应建立一个新的协调体系框架，采取以"多规合一"与"多规协调"并重为目标、以统筹兼顾为方法，走一条分层次、讲重点、重合作的渐进式动态协调路径；另一方面，在现有实践经验基础之上，应突破局限，建立一个新的面向统筹规划、实现多规协调管理的制度框架，以此推动规划工作的进一步改革与创新。此外，通过对当前空间规划体系内几种主要规划类型的比较，结合上文对空间规划协调内在机制与外在途径的分析，本节尝试对协调的具体运作进行初步的框架研究，使规划协调工作更加规范和系统地开展实施。

6.1　空间规划协调的体系框架

6.1.1　协调框架

完整统一、层次分明、协调有序的空间规划体系是实现规划协调的基础。目前，多部门协作并行、共同参与的空间规划管理模式本身并不一定就是"问题"，因为经过精细职能分工与责权划分的规划管理更加高效全面，但必须以统一的目标为前提，以相互促进、平稳制衡的逻辑关系为支撑，以良好的部门协作为基础。在当前多规并行的空间规划管理体制制度下，任何企图以单一部门、单一规划来掌控全局、涵盖所有内容的"多规合一"做法都不切实际，也难以奏效。构建分工明确、协作统一的空间规划体系框架，实现"多规协调"才是解决当前规划矛盾的有效途径。

笔者认为，应将现有的主体功能区规划、城乡规划、土地利用规划、环境规划纳入到统一的空间规划框架中来探讨其协调问题。需要指出的是，近年来很多研究试图解决国民经济与社会发展规划和上述规划的协调问题。在《全国主体功能区规划（2009—2020）征求意见稿》中也指出，要加快推进规划体制改革，形成以国民经济和社会发展总体规划为统领，以主体功能区规划为基础，以城乡规划、土地利用规划和其他专项规划为支撑，各级各类规划定位清晰、功能互补、统一衔接的国家规划体系[106]，但这终究是战略与战术的衔接问题。本文只探讨空间规划体系内各规划的协调问题，国民经济与社会发展规划尚不属于这一范畴。实质上，主体功能区规划就是国家和地方政府为应对国民经济与社会发展规划空间引导作用不足等问题，而发展创立的新的规划形式。至此，笔者尝试构建一个新的空间规划协调框架（图6.1），目的在于：①基于当前我国规划事业发展现状，厘清相关规划的层次关系；②明确空间规划协调的总体思路；③为规划协调实践提供结构性指导。

第一，各规划都是针对国土与城乡空间的调控举措，其目标都是可持续发展。可以说，这内在的统一为规划协调创造了良好的前提条件。

第二，各规划按其属性特征可分为两个层面，其中主体功能区规划因其宏观政策特征属于政策引导层，城乡规划、土地利用规划及环境规划由于突出客观实体可操作性而归属实体调控层。前者为后者提供基于空间定义的政策引导和约束，后者是对前者的贯彻与落实，同时也对其进行反馈。这样的划分方式有别于传统的将多规置于同一层面的合一或叠合，分工更为明确，关联更加清晰。

第三，新的协调框架要求各规改变以往"包打天下，争当龙头"的局面，强调重点突出、定位更加明确。其中主体功能区规划侧重于政策引导，即根据功能区性质（优化开发、重点开发、限制开发或禁止开发）的不同，制定不同的财政、投资、产业、土地、农业、人口、民族、环境、应对气候变化政策；土地利用规划侧重于对土地功能与类型的划分，以及对耕地及矿产资

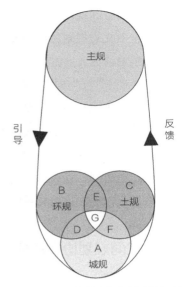

注：经规—国民经济和社会发展规划；城规—城乡规划；土规—土地利用规划；环规—环境规划

图6.1 空间规划协调的基本框架

源等用地数量和年度指标的限定和维护，从而为城乡规划提供依据，重点在量；环境规划主要是对区域环境容量做出判断，确保各类规划建设的环境影响达标，为城乡规划提供依据（数据和技术支持），关键在于对质的把握；城乡规划的重点在调控与分配。简而言之，就是在空间规划体系中，主体功能区划定政策，即鼓励优化、重点开发还是限制、禁止开发；土地利用规划控数量即确定耕地及矿产资源保护范围、用地总量和年度指标等；环境规划保质量，即确保环境质量达标，满足环境硬性约束；城乡规划做协调，即以土地规划和环境规划为依据，结合主体功能区划政策，统筹协调各类土地开发与空间利用，维护长期的公共利益和社会公平。可以说，这样的体系结构划分也符合科学发展观全面协调可持续的基本要求（图6.2）。

第四，各规划分工明确，注重相互协作。按具体工作内容可分为本体内容（A、B、C）、交叉内容（D、E、F）和协调内容（G）。其中本体内容是基础，自主性最强；交叉内容居次；协同内容自主性最小，综合协作性要求最强。对于城乡规划而言，本体内容A主要包括：确定城市性质，提出形态布局、发展方向，确定城市基础设施和公共服务设施发展目标与布局，调控建设开发总量及密度，提出历史文化遗产保护和防灾减灾要求，参与房地产市场调控管理（弱势群体住房保障），明确近期建设时序及重点内容等。城乡规划与土地利用规划的交叉内容F包括：确定规划区范围、土地使用规模、开发强度，统筹安排城乡各项建设用地，保护土地资源、基本农田、矿产资源，控制非农业建设占用农用

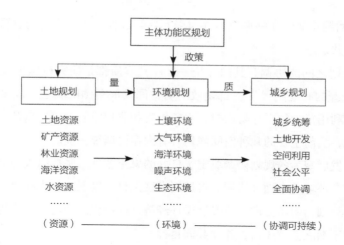

图 6.2　空间规划体系的内部结构

地等。城乡规划与环境保护规划的交叉内容D包括：确定城市水系和绿化系统发展目标和生态总体布局，水源地、自然生态区保护，指导产业布局，保证公共卫生，环境风险防范，排污控制，进行规划及建设环评等。对土地利用规划而言，其本体内容C主要包括：查清土地资源，监督土地利用，严格保护基本农田，落实各项土地利用整理、复垦任务指标，控制土地市场，提供土地利用率等。土地利用规划与环境保护规划的交叉内容E包括：确定土地承载力，保护改善土壤环境、水环境等自然生态系统等。对于环境保护规划而言，其本体内容B包括：监控国土和城市生态环境变化，重点生态敏感区管制，土壤环境修复及保护，水环境保护，大气环境保护（尾气排放等），固体污染防治，噪声污染防治，辐射污染防治等。三者的协同内容G主要包括：评估城市容量，构建生态安全格局，保护改善生态环境系统，保障土地可持续利用，共同参与确保自然生态资源的合理开发及利用。

第五，空间规划协调的基本框架并非一成不变。由于空间规划的协调是一个动态的连续的过程，本文所设计的基本框架只是协调过程中一个断面。受规划转型影响，规划协调也应在动态的转型过程中寻求互补、呼应、衔接和协作。因此，各部分内容很可能发生变动，需及时调整应对。比如海洋功能区规划也应属于空间规划体系之内，而本研究只涉及有关城市区域的陆地范畴，所以暂不将其列入。

6.1.2　逻辑基础

在现代民主社会中，规划的多元化是一个趋势。因为规划意味着利益代言，只要存在不同部门的利益，就会有从不同角度出发的规划[107]。但多规并存本身不是问题，因为多元的规划编制也是提高规划质量的有效途径（比如由多方设计单位所参与的规划投标项目等）。而现实的问题是如何在强调包容性与多元化的过程中建立稳定的逻辑结构，使多规形成合力、达成共识。

第一，各规划之间的协调有其内在统一性。其本质都是研究以国土及城乡空间利用为核心的空间资源的有效配置[108]。都是政府对空间发展意图的表达与政策指向，其宗旨都是对空间资源利用行为的引导与调控，避免矛盾和非积极的博弈，以及对资源的不当消耗。因此可以说，当前主要的几种空间规划具有内在协调统一性。

第二，科学发展观为各规划协调奠定了良好的思想基础。坚持以人为本，实现经济发展与人口、资源、环境的全面、协调、可持续发展是科学发展观的内在要求。可以说，这也为我国的空间规划指明了方向。将发展循环经济、保护生态环境观念作为各规划共同的指导思想，有助于消除彼此矛盾，建立共同目标。

第三，行政管理体制改革及相关法律、法规的完善，为各规划的协调提供了组织保障和法理基础[109]。如《中央关于深化行政管理体制改革的意见》就对解决行政部门的权限冲突，协调部门利益提出了改革要求。此外，相关法律、法规、文件中也对规划衔接和协调有明确规定，如《城乡规划法》第五条指出：城市总体规划、镇总体规划以及乡规划和村庄规划的编制，应当依据国民经济和社会发展规划，并与土地利用总体规划相衔接。

由此可见，众多不同类型的规划从根本上是可以统一起来的。其相互间内容的衔接功能的互补、目标的统一等，都为构建整体协调的逻辑结构奠定了基础。基于上文的分析，笔者拟构了空间规划协调的逻辑结构（图6.3）。以下对具体内容加以论述：

（1）整体结构分为两个圈层，外围是主体功能区规划所确立的政策型分区，内层为城乡规划、土地利用规划、环境规划联合确立的功能型分区。前者对后者进行引导与约束，后者为前者提供依据和反馈。两者相互联系，共同实施空间区划。

（2）主体功能区规划所划分的：优化开发、重点开发、限制开发和禁止开发四类主体功能区，应与城乡规划所确立的适建区、限建区、禁建区，土地利用规划所确立的"三界四区"（即城乡建设用地规模边界、扩展边界和禁止建设边界，允许建设区、有条件建设区、限制建设区和禁止建设区），环境保护规划所划分的三级区相对应。同一区域空间的政策或功能属性不得出现定位矛盾，如主体功能区规划所设定的禁止开发区，不能与城乡规划、土地利用规划所设定的禁止建区以外的其他类型空间相对应。

（3）内层的城乡规划、土地利用规划、环境规划三者相互关联，彼此间分别由两组制衡关系建立平衡，形成相互间既联系又制约的整体结构。其中，在城乡规划与环境保护规划之间，通过开发建设与利用倾向以及环境承载力约束建立逻辑关系；在土地利用规划与城乡规划之间，依靠城镇用地发展需求和城镇建设用地规模范围控制建立互动；在环境规划与土地利用规划之间，则通过资源开采与保护利用安排以及生态环境保护与建设要求建立联系。

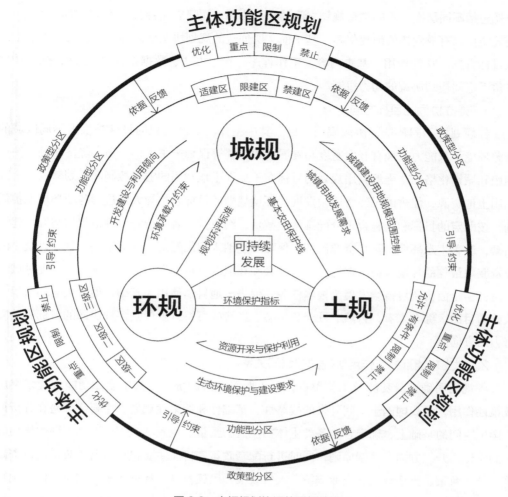

图6.3　空间规划协调的逻辑结构

（4）规划环境影响评价标准、环境保护指标体系、基本农田保护范围是内层规划的作用"红线"，任何规划协调举措都不得触及。

（5）空间规划协调的基本目标是可持续发展。这是自上而下与自下而上、由内而外与由外而内的有机结合。将可持续发展作为统一的目标方向，改变传统各自为战的局面。对统筹规划来说，只有达成目标共识才最有意义。正如彼得霍尔（P.Hall）教授所指出的，规划师所做的贡献就在于将追求经济效率、关注社会与文化、保护生态环境这三方面相互冲突的逻辑融合在一起[110]。

6.1.3　动力机制

规划的主要功能在于围绕已明确的规划目标搞好各方面利益关系的综合协调[30]。这其中就包括不同层次、不同类型规划之间的相互协调。而建立完善有力的规划协调机制是规划效能得以有效发挥的前提保障。基于前文所创建的规划协调框架和逻辑框架，本节尝试从目标方向、功能作用、基本内容、工作程序、技术方法、数据指标6个方面，探讨转型视角下空间规划协调的动力机制。

1. 建立协同的目标方向

各规划按不同特征，协调规划目标。其中主体功能区规划的目标是根据不同区域的资源环境承载能力、现有开发密度和发展潜力，统筹谋划未来人口分布、经济布局、国土利用和城镇化格局；土地利用规划的目标在于加强土地利用的宏观控制和计划管理，合理利用土地资源，促进国民经济协调发展；环境规划的目标是指导人们进行各项环境保护活动，按既定的目标和措施合理分配排污消减量，约束排污者的行为，规范规划与开发建设活动，改善生态环境，防止资源破坏，保障环境纳入国民经济和社会发展计划，以最小的投资获取最佳的环境效益，促进经济、社会和环境的可持续发展；城乡规划是以促进城乡经济社会全面协调可持续发展为根本任务、促进土地科学使用为基础、促进人居环境根本改善为目的。综合来看，自然、社会、生态、经济的可持续发展是多规协同的目标和共同努力的方向。

2. 建立功能互补、作用明确的规划间关系

各规划明确自身功能及工作重点，分工明确、协调统一。其中主体功能区规划突出政策性作用，是我国国土空间开发的战略性、基础性和约束性规划。主要任务是在分析评价国土空间的基础上，确定各级各类主体功能区的数量、位置和范围，明确不同主体功能区的定位、开发方向、管制原则，同时进行配套政策安排（主要包括：财政政策、投资政策、产业政策、土地政策、农业政策、人口政策、民族政策、环境政策、应对气候变化政策），是其他相关规划开展的基本依据。土地利用规划强调控制性作用，侧重于对土地功能的划分，并以基本农田的维护控制为重点，是引导全社会保护和合理利用土地资源，实现严格土地管理制度，落实土地宏观调控和土地用途管制、规划城乡各项建设的重要依据，属于长期性、宏观性、导向性规划。主要任务在于根据国民经济和社会发展计划和因地制宜的原则，运用组织土地利用的专业知识合理地规划、利用全部土地资源。总之，土地利用规划是实行土地用途管制的依据，是相关规划的基本纲领。环境规划中的在于生态功能区的划分及环境影响评价的实施，强调约束性作用。主要任务在于对区域生态环境要素、敏感性等特征进行识别分析及功能定位，在充分认识客观自然条件的基础上，依据区域生态环境主要生态过程、服务功能特点和人类活动规律进行区域的划分与合并，有针对性地进行区域生态建设政策的制定和合理的环境管治，为区域发展战略方案的制定提供环境图底和专项技术支持。此外，还需对规划和建设项目实施可能造成的环境影响进行分析、预测和评估，提出预防或减轻不良环境影响的对策和措施，并进行跟踪监测。综

合来看，环境规划是其他相关规划的图底基础和规范准则。城乡规划突出调控与分配作用，是一项全局性、前瞻性、综合性工作，是各级政府统筹安排城乡发展建设空间布局，保护生态和自然环境，合理利用资源，维护社会公正与公平的重要依据，着重关注城乡空间发展布局的调整和形态的优化，以满足现实和未来的经济社会需求，具有公共政策属性。

3. 建立衔接互认的主体内容框架

为实现规划工作的连贯畅通，确保各规划形成合力、发挥实效，有必要建立彼此衔接、互认、共识的内容框架，重点把握四个部分：①数量规模，即实现用地规模、规划用地增长规模、基本农田保护控制规模、生态资源环境保护规模的彼此衔接，确保供、需、留三者边界范围的明晰和总量的平衡；②质量，即空间的开发与利用符合各级、各类标准，实现高效、集约、环保、循环、可持续利用；③布局，即各类功能分区相互对接、互为前提，严格控制刚性与弹性、独立与交叉的内容；④流量，即动态把握复垦、腾挪、移接、存留、置换等增减净流，相互挂钩、保持完整。

4. 建立彼此呼应、公平正义的工作程序

首先，所谓工作程序的彼此呼应是指主体功能区规划、土地利用规划、环境规划、城乡规划工作的开展具有逻辑上的程序关系。一般以后三者为依据制定主体功能区规划，并通过环境功能区为底的原则约束、土地利用规划为纲的基础限制、城乡规划的统筹协调共同制定。在此过程中保持环评的同步性和有效性，避免后期滞后介入的做法，真正实现空间规划本身的生态化[112]。其次，公平正义的工作程序要求在不同规划主体之间建立一个平等的、共同参与的规范式博弈机制，包括各规划主体之间的利益表达、平衡、调解等，即通过对话、交流、协商、法律程序等方式，达成共识，而不是强权独断的结果。

5. 建立共享互通的技术方法体系

规划的对象是城市—区域这一复杂的巨系统[113]。因此，规划技术与方法不会听凭人们将它禁锢在某一门学科或专业内部的逻辑中[114]，多学科的交叉、互通和资源的共享已被广泛接受。生态系统技术、低碳规划方法、参与式规划方法等可以在不同类型的规划中共用[115]，以便于技术衔接和方法互通。

6. 搭建统一的基础数据和指标规范信息平台

统一基础数据、统一技术规范、协调各用地分类标准是实现规划对接的技术基础。建立规划建设用地分类管制制度[79]、生态环境变化动态监测制度、年度基础数据统计校对制度，为规划协调提供科学依据和数据支撑。

在此，笔者将新框架下空间规划协调的动力机制整理成图6.4，以便更为直观的理解和运用。当然，其表述较为粗略，还有待进一步完善。

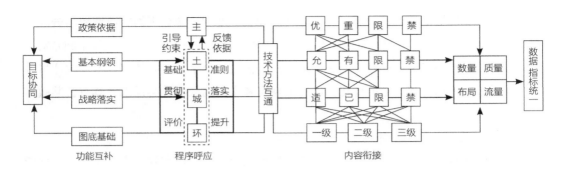

图 6.4　空间规划协调的动力机制

6.1.4　基本原则

有了新的协调框架和逻辑基础，如何运用协调机制去具体实施，笔者认为应把握好以下几点基本原则：

1. 高层次、整体性原则

如何从更高层次，更加全面、整体地把握空间规划转型的总体趋势，从根本上理顺空间规划体系结构，是规划协调工作首先要考虑的战略问题。因此，要避免各部门规划封闭式的自成体系，不能仅就单一层面或局限于某一种或两种类型的规划来探讨，必须具备高度和广度。把握空间规划协调的整体性，忽略任何层次、任何角度的协调都是不完整的，其结果也往往只能是失衡的协调。

2. 动态与过程原则

规划转型是一个长期复杂的动态过程。受其影响，规划协调也应符合这一演进的内在要求。不同时期有不同的规划任务和工作重心，规划协调举措也需因势利导，不断调整创新，在长期的转型过程中，寻求协调。尤其是需要建立长期、有效的互动、互通机制，不仅要关注结果，也要强调过程，只有在往复的协调运作下，才能真正实现规划的协同。

3. 稳步推进原则

规划变革不能过于突破，因为作为一种体制改革必定存在"路径依赖"和很强的反抗力。所以，规划改革必定要渐进式的进行，目标要明确、步骤要稳妥，不断自我适应、自我调整完善[43]。而作为规划变革的一部分，空间规划的协调应在现有制度框架下和现行的权力职能部门划分方式基础上，寻求渐进式的协调途径，不能企求一蹴而就，或盲目的另起炉灶，如创建一种新的规划来另搞一套。当然，这里并不否认未来建立一种新的、统一的空间规划的可能性，目前也有学者（韩青、顾朝林等，2011）对此进行了探讨。

4. 多要素原则

空间规划协调工作所涉及的要素众多，因此不能仅就某一方面内容进行研究，或者仅针对某两类规划的"协调"，如只关注城乡规划与土地利用规划的矛盾，忽视其他规划要素的作用。空间规划协调是多方面要素共同作用的结果，协调工作不能只见树木不见森林。

5. 实践性与实效性原则

规划协调应注重其实践应用的可操作性和实效性。充分考虑当前及未来一段时间内协调举措的现实可行性，即强调务实的目标导向和问题导向。任何规划协调的运作都需要在现行的国家制度框架下完成，不能脱离现有的制度安排，尤其是现行的法律基础。

6.2 空间规划协调的制度框架

6.2.1 基本框架

制度创新是一个复杂的系统工程，需要对创新的外部环境与内部结构做全面动态的把握。在此，笔者将面向规划协调的规划管理制度创新框架描绘成由体制、机制、法制所共同建立的体系结构（图6.5），以求通过简明的形式理解复杂的制度创新过程。对基本框架的完整理解建立在以下三点认识的基本之上。

第一，要厘清制度、体制、机制和法制的各自内涵。一般认为，①制度是指要求大家共同遵守的办事规程或行动准则，如工作制度、财务制度等，

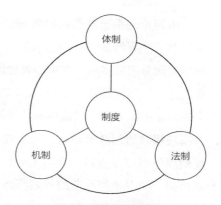

图6.5 制度创新框架

也可理解为一定社会范围内各类习惯、法律、规章、公约等的总和，如社会制度、政治制度等（见辞海）；②体制则可定义为社会活动的组织体系和结构方式，包括特定社会活动的组织结构、权责划分、运行方式和管理规定等[144]，是制度的中观层次；③机制意指事物本身的组织构成及运动变化规律，是可以"设计"出来的微观的制度[145]；④法制即掌握政权的社会集体通过国家政权建立起来的法律制度和根据这些法律制度建立的社会秩序（见辞海），是制度的组成部门，用以保障制度的实施和完善。需要说明的是，将法制从制度中单独列出，意在强调其在制度改革中的突出作用。

第二，需明确制度与体制、机制、法制之间的逻辑关系。①制度决定体制，并通过体制表现出来；②体制受制于制度，是制度的重要体现形式，并为制度服务；③体制与制度不能完全分离，应相互交融，制度可以规范体制运行，体制可以保证制度落实；④机制离不开制度和体制，一方面制度和体制决定着机制运行，另一方面只有通过与之相适应的体制和制度的建立或变革，机制在实践中才能得以体现；⑤法制是制度与体制的依据和保

障，也是机制实施过程可以借助的有力手段。

第三，要理解制度、体制、机制、法制的性质特征。①制度是长期演化的结果，具有相对的稳定性和单一性；②体制是制度的表述，具有多样性和灵活性；③机制的构建既受到制度与体制的影响，也离不开人的作用；④法制在不同的国家有不同的内容和形式，从某种意义上讲，法制与民主密切联系，即民主是法制的前提，法制是民主的体现和保证。

至此，不难发现制度创新必然与体制、机制、法制的改革建设相联系，并且制度的创新往往不是来源于内生的动力，而在于外部力量的推动。因此，可以从体制改革、机制构建、法制建设三个角度探寻规划协调制度的创新途径。

6.2.2 核心内容

1. 体制改革

由传统的垂直线性政府管理体系向网络状的协作体系转变，已成为当前政府管理体系改革的主要特征[4]。因此，必须相应改变原本上下一般粗的规划管理体制，建立重点突出、层次分明的多级、多中心管理体系，尤其注重横向的合作与纵向的协调。具体来说，在当前的空间规划管理体制下，国家高层级的规划部门应重点考虑战略性和政策性，强调全面与平衡；省级、区域层面的规划部门更多地突出综合性与协调性，既要"转译"国家及高层级政府的政策要求，又要能动地为下一层级制定政策体系[101]，市、县、地方级的规划部门则应注重目标性与实效性，努力打破部门障碍，形成多规融合、整合划一的体系结构。缺少任何环节的规划都将使其他层级的规划效果大打折扣[146]。总体上各规划协调统一、并行不悖，从上至下，逐步明确。在规划决策上，虽然分权改革的推行已将决策权从中央移交到地方，但过于分权或过于集权都不利于空间规划整体性协调职能的发挥[147]，正如许多国家试图通过权力与职责的重新分配平衡不同层级空间安排的职能和权力，而表现出的集权与分权双向强化特征一样，我国的集权与分权政策应同时存在、互补共存[148]。此外，规划的有效实施也离不开广泛的社会监督、有效的公众参与和积极的市场动力（图6.6）。

2. 机制构建

目前各级政府部门中都建立了大量的议事协调机构和临时机构进行行政协调，其中主要的协调机构包括政府办公厅、政府法制办公室、机构编制管理委员会、议事协调机构、各大类部门等。但正如上文所述，现行的管理协调机制还存有局限，任何一个机构都难以承担起协调的全部职责，因为部门本身的地位限制了其作为协调主体的作用发挥。建立在独立、平行部门间的协调机制往往也因利益分歧而无法运行。所以，要进行行政整合，必须构建新的机制。笔者认为，应明确各级人民政府在行政协调中的核心地位，即各级人民政府承担对各规划职能部门的管理协调，协调的主体是各级人民政府，而不是某一职能部

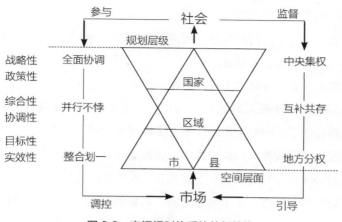

图6.6 空间规划体系的外部结构

门本身。现有的对各规划职能部门的重组调整，无论是城乡规划部门与国土资源部门的组合探索，还是城乡规划部门与计划部门的合并设想等，虽然都拟从源头上消除矛盾，但还需一段艰巨而长期的改革过程。当下，赋予各级人民政府统筹协调各规划职能部门的权力和职责，跳出部门协调的局限，构建以各级人民政府为中枢的规划协调机制，对完善规划协调制度，具有重要意义。

3. 法制建设

真正对城市发展起指导作用的是规划法规或规划文本。近年来从重视图纸到重视文本，其实质反应的是规划管理中法治精神的加强[149]。然而，在面对规划矛盾冲突时，当前的法律制度却显得束手无策。如《城乡规划法》第五条规定：城市总体规划、镇总体规划以及乡规划和村庄规划的编制，应当依据国民经济和社会发展规划，并与土地利用总体规划相衔接。但法规没有说明具体的分歧裁定程序过程。因此，笔者认为基于我国规划行政管理的现状，应以法制建设为中心，采取法制化的协调模式。一方面，充分发挥各级人民政府的主体作用；另一方面，从法律制度上明确各层级、各部门的职责权限（包括主导规划的法律地位），规范行政管理制度，完善行政协调机制，出台国家《行政程序法》，以明确行政冲突的裁决主体内容和程序。在此基础之上，各地方政府结合实际编制适合自身实践情况的《规划协调条例》，以详细说明出现规划分歧时应如何申请、受理、审理、裁决的几个重要环节。需要指出的是，法制化的协调模式，目前还只是一种理想假设，效果如何还有待实践检验。但无论怎样，规划作为政府的行政行为，其依据是法律，所以规划协调的依据也只能是法律，依法协调是依法行政的组成部分。

6.2.3 内涵实质

空间规划是"政府用于规范空间行为的一种手段和政策"。他并非一种全新的规划类型，其核心在于：

（1）空间规划不应该是部门的规划，而应该成为政府的规划。即强调规划的空间性、综合性而不是部门的专项性、分散性。

（2）空间规划不仅是一种技术手段，更是一项政府的公共政策。

（3）空间规划不局限于行政界线划分的影响，更加强调关注其背后密切的经济、社会、环境联系和功能联系，同时强调跨区域、多层级的衔接与合作。

（4）可持续发展应取代各自为战的方向，成为空间规划的核心目标。

（5）空间规划必须具备空间属性，不能离开空间实体的支撑。

（6）空间规划应与时俱进，在不断地更新、调整的过程中，完善、创新。

因此，新的空间规划体系则应是超越部门分割、整合不同空间尺度的战略性框架[150]。空间规划的协调也应作为整合构建国家、区域、地方不同层面公共政策体系的重要内容。因此，可以将空间规划协调制度框架的建立，理解为在公共领域内主体之间交往和沟通的过程，并通过这一过程，产生更具动力的相互学习。正如希利尔（Jean Hillier）曾指出的，传统的管治正在向协作式复杂适应系统管治转变[151]（表6.1），空间规划需要一个新的制度框架以适应这种转变[152]。新时期城市公共政策体系的建立必然要求城市管理组织架构的完整与协调。

传统管治与复杂适应系统管治比较 表6.1

管治的维度	传统管制	协作式复杂适应系统管治
结构	上下层级	相互依存的网络簇
指示来源	中央控制	分散控制
边界条件	封闭	开发
目标	问题明确的	各式各样、变化的
组织环境	单一权威	分散权威
管理者的作用	组织的控制者	调解人、过程管理者
管理任务	规划并引导组织过程	引导相互作用、提供机会
管理活动	规划、设计、领导	选择能动者与资源、影响条件
领导风格	指标的	生成的
规划特征	线性	非线性
成功的标准	正式政策目标的达成	集体行动的实现
系统行为	取决于组成部分	取决于相互作用
民主合法性	代议制民主	协商式民主

6.2.4 基本原则

新的框架应基于一定的原则来保障运行的有效和通畅。第一，协调过程应尽早地包含各方的利益，即越早启动协调的过程越好，从各部门进行规划编制的调查阶段开始，就应该广泛地征求其他相关职能部门、专业机构、社会团体和民众的意见，从而为后续的协调工作奠定基础。

第二，协调过程应强调包容性，不可忽视弱势部门或团体、个人的需求，倡导有效参与和共同决策。所谓的"共同利益"并非由某一强势部门机构来制定，并作为"理想目标"加以推销。应通过促进参与来实现规划整合，并以此提高政府行政能力。

第三，统一、分享可靠的信息资源。各部门应公开分享各自的数据、资料，建立互通的指标体系，避免由封闭信息所造成的互不认账。

第四，保持积极的协调动力。从规划编制工作开始就应主动地寻求与相关部门的协调。保持积极的态度，开展合作、提供帮助。

第五，生效的协调结果。通过协调达成的一致意见应通过法律或权威途径保证成果的有效性，可借助专业人士或机构进行监督与反馈。

6.2.5 保障机制

总体来看，作为公共权力行使范畴的空间规划协调制度建设，一方面需要有法律的授权并符合法定的程序，另一方面又必须受到法律的约束和公众、媒体的参与和监督，从而保证协调工作的权威性、公正性、规范性和有效性（图6.7）。总之，对于中国这样正从集权传统向分权管治转变的国家，在政府管理制度改革进程中，如何既保持各级政府的管治能力，又充分发挥各方力量的主动性，有效平衡各自利益，还需长期不断的探索与实践。

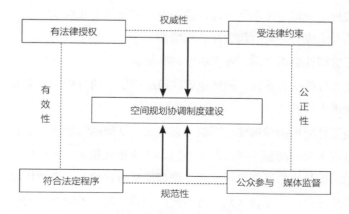

图 6.7 空间规划协调制度建设的保障机制

6.3 空间规划协调的运作与评估框架

6.3.1 规划协调运作框架

协调工作的具体实施应建立在对现有及在编主要规划类型的调查与分析基础之上。通过相关规划的收集，对其主导思想、核心内容、重点举措进行筛选比较，并结合规划背景、层次、地位、作用与影响力的分析，完成对规划协调性的总体评价。

具体来看，规划协调性是指不同规划之间彼此相互包容、互动促进、协调协作的程度，主要包括两部分内容，即规划自身（内部）之间的协调性和规划背景（外部）之间的协调性。前者又可细分为规划的相容性与互动性两大部门，其中相容性更多地体现规划间的静态关系，互动性更多地突出规划间的动态关系。

为使协调性评价更为科学，表达更为直观，首先，可采用德尔菲法对主要筛选指标进行权重量化分析。其中可设定内部协调性与外部协调性各占50%权重。相容性主要考虑规划思想、目标、数量指标、核心要素（时限、范畴等）、功能布局、基本原则等。互动性主要考查规划间协作方式（如会议、委员会、领导小组）、频率，彼此间信息的互通共享程度，以及相互依托与促进程度。外部指标主要分析规划的法律地位、归属层级、职能领域、政策倾向、作用影响程度等。

其次，建立由不同层级、部门、领域专家所共同组成的评价小组，协商设置各项指标权重，并进行量化评分加权计算，经统计分析后得出综合协调性分值。

最后，按协调性评价结果对协调状态进行总体判断。可按内部协调程度与外部协调程度将协调状态分为9种状态，每种状态分别对应不同的值域（图6.8）。当然，评价的分值和状态判断也并非规划协调与否的唯一标准。指标的选取和权重的设定还有待进一步商榷和完善。因此，规划协调性分析仅作为处理空间规划协调问题的一项具体方法，其规范性和科学性还需加强。

需要说明的是，在运用德尔菲法进行预测时应遵循如下几点原则：

（1）挑选的专家应有一定的代表性、权威性。

（2）在进行协调性分析之前，首先应取得参加者的支持，确保其能认真地进行每一次分析评判，以提高分析的有效性。同时也要向组织高层说明分析的意义和作用，取得决策层和其他高级管理人员的支持。

（3）问题表设计应该措辞准确，不能引起歧义，征询的问题一次不宜太多，不要涉及与规划协调性分析无关的问题，列入征询的问题不应相互包含；所提的问题应是所有专家都能答复的问题，而且应尽可能保证所有专家都能从各自角度去理解作答。

（4）进行统计分析时，应该区别对待不同的问题，对于不同专家的权威性应给予不同权数而不是一概而论。

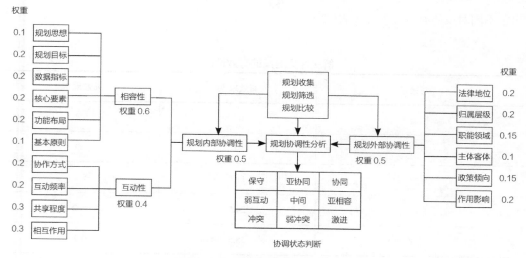

图6.8　规划协调性分析运作框架

（5）提供给专家的信息应该尽可能的充分，以便其作出判断。

（6）只要求专家作出粗略的数字估计，而不要求十分精确。

（7）问题要集中，要有针对性，不要过分分散，以便使各个要素构成一个有机整体，问题要按等级排序，先简单后复杂；先综合后局部。这样易引起专家回答问题的兴趣。

（8）调查分析不应强加于问卷之中，要防止出现诱导现象，避免人为造成的专家意见靠拢。

（9）避免组合要素。如果一个要素包括部分的同意和部分的不同意两个方面，使专家难以做答。

6.3.2　解决冲突的方法手段

托马斯认为传统的表述冲突行为及其解决办法的模式是一种一维空间的模式，只能表述从竞争到合作的简单线型过程，而不能充分表述冲突动机、表现形式、解决途径的综合统一过程。因此，需要从利益相关者的合作态度与实现自身利益需求两个方面，构建二维思考模式，并给出了通常解决冲突问题的5种方法——即协调、强迫、妥协、克制、回避[154]（图6.9）。随后，洛克在此基础之上，经调查研究后指

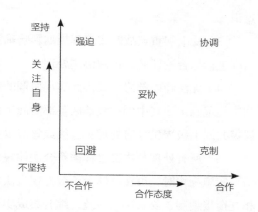

（注：图中横向坐标表示合作的程度，这里的合作指满足他人的利益；纵向坐标表示坚持的程度，这里的坚持是指满足自己的利益）

图6.9　冲突解决的二维模式

出了不同对策的有效性差异（表6.2）。

解决冲突对策的有效性比较   表 6.2

对策	有效果 %	无效果 %
回避	0.0	9.4
克制	0.0	1.9
妥协	11.3	5.7
强制	24.5	79.2
协调	58.5	0.0
其他	5.7	3.8

　　具体来看，无论选择哪一种方式解决冲突问题，都会促使规划师与规划管理者改变传统的规划编制与实施模式，在寻找解决冲突新途径的过程中带来变革与创新。但需明确的是，技术理性不是规划协调的根本出路，化解规划矛盾的根本在于体制制度创新[36]。笔者将主要的规划冲突解决途径或可称之为方法原则归纳如下：

　　（1）规划协调应与同领域职能部门的上位规划保持一致，即必须依据上位规划进行调整。如不可协调，应重新编制下位规划，同时完善自下而上的反馈机制，促进上下沟通。

　　（2）不同领域多职能部门规划矛盾，应与同级平行部门进行协调，以资源、环境等生态要素为优先考虑对象，参考承载力与容量标准，进行修编调整工作，提高环境决策意识。

　　（3）受上层重点战略或工程规划影响确需调整的，应从资源、环境、经济、社会等多角度进行综合论证后，再做协调处理。

　　（4）无法经内部协议或协商实现协调的，应交由市或市级以上人民政府依据行政争议裁决规范判定。其中同一级地区各部门间争议，报本级人民政府处理；不同地区部门间争议报共同上级人民政府处理；省级或省级以上部门间争议报国务院处理。

　　（5）所有处理与决策过程需符合法律规范，并与法定规划保持一致。

　　实施操作时，可在总体上不改变现有法定规划成果的基础上，按照"功能定位导向、相互衔接编制、要素协调一致、综合集成实施"的原则，建立规划编制的衔接协调机制，共同参与论证。建立统一技术平台，规范指标体系。在明确空间发展需求与约束的前提下，综合考虑协调方案的运作。需要说明的是，规划协调综合实施方案并非一版新的规划，仅作为解决规划冲突的一种方法和手段。

6.3.3　规划协调度评估框架

我国规划自身所处的不成熟期与国内城市发展进入高潮以及整个社会和时代转型相互交错。在这样的背景下，规划所处的困境涵盖了由外至内、由内至外、由主体到客体的诸多方面。因此要真正实现规划协调，不仅需要规划自身的转变，还需要其所处"环境"的变革。而由于规划体系跟政治体系密切相关[90]，规划能否与其所依法的体制很好地契合将成为规划能否很好地得到实践的关键所在[89]。这其中似乎前者的成功转变更依赖于后者的有效变革，但规划的协调问题并没有就此解决，更加需要关注的是这两方面变革之间的相互适度性。当前，一部分停留在就规划论规划上，倾向于对规划技术升级与转向的探讨，还有一部分研究面向于国家政治、经济体制转型所引发的规划应对，而对于两方面变革的相互适度性、协调性的研究却鲜有涉及。正如仇保兴所指出的，规划体系整体的成功变革依赖于我国政府管理体制的变革，这两者之间的关系有待进一步阐明[141]。因此，有必要建立规划协调的评估框架，从务实客观的角度出发，综合、动态的判断空间规划协调的现实可行性和协调效果，为技术方法更新和政策举措调整提供可靠依据，真正实现协调有度。

笔者认为，规划协调评估的基础在于规划协调实践，关键在于对协调度的评判和把握。其过程包括：

（1）评估的视角选择。评估分析是为谁而做的？是从哪个角度去看的？即确定目标、焦点与轻重缓急。

（2）评估的参照点设定。由于评估本身也是动态过程，所以应设定某个时刻状态为参照。

（3）评估对象的分析。即分析规划自身更新的目标、内容、方法、结果等；规划体制制度变革的价值、手段、意愿、成效等。

（4）一致性的逻辑分析。分析两个变革相互之间的逻辑和因果关系，也可称之为效应分析。

（5）可行性的经济分析。评价协调过程所需的人力、财力、信息资源、时间等，避免重复浪费，即效益/成本（效率）分析。

（6）适用性的法理分析。即判断更新与变革过程的合法性。

（7）应用性的实施分析。即分析协调举措能否被组织或部门所接受并付诸行动，采纳度如何？

（8）规划协调度判断。

当然，还需要对评估过程及时反馈，以及从其他视角或参照点进行多角度的评估。图6.10是笔者简要设计的空间规划协调评估框架，仅供参考。需要说明的是，这一评估框架还很粗糙，尚需完善。尤其是其主观成分过重，隐性关系难辨，数值分析偏弱等问题的存在，其应用也难免不受到局限，这也是笔者今后所要研究的内容之一。

6.4 本章小结

空间规划的协调既是目标，又是过程，这项长期的工作任重而道远。本节所尝试构建的协调体系框架、制度框架、运作与评估框架还很粗糙，希望能对扭转当前规划协调的困境与误区，引导空间规划协调发展有所裨益。而当面对具体实际的规划冲突问题时应如何处理，接下来的一章将尝试分析探讨。

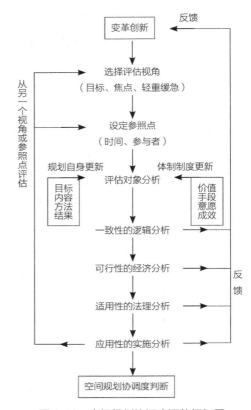

图 6.10 空间规划协调度评估框架图

第 7 章

空间规划协调的实践探索

通过对当前空间规划体系内几种主要规划类型的比较，结合对空间规划协调内在机制与外在途径的分析，本章选取大连市为实践案例，在上文所建立的空间规划协调体系框架、制度框架、运作与评估框架的基础之上，对现行城市总体层面的主要规划进行协调性分析，尝试对协调的具体运作进行初步的实践探索，将理论研究应用于具体案例，以求进一步补充、完善、修正和反思规划协调的系统框架。

7.1 以环境保护总体规划为契机的空间规划体系重构

为适应新形势、新阶段、新起点的要求，破解空间规划工作中的难题，谋求规划工作的更大跨越，达到经济发展与土地、资源、环境协调可持续发展的目标，大连市以编制、实施《大连市环境保护总体规划》为契机，开展了基于城市总体层面的空间规划协调工作，力求用长远的、建设性的思路谋划未来适合区域特点的空间发展道路。

7.1.1 开展环境保护总体规划的必要性

1. 符合经济社会发展的时代需要

20世纪70年代末80年代初，正是中国改革开放的初期，这时期的中国经济发展主要是以城市为中心展开的。此时，城市建设被提到突出位置。为保障城市健康发展，合理地安排和组织城市各建设项目，妥善处理中心城市与周围地区及城镇、生产与生活、局部与整体、新建与改建、当前与长远、平时与战时、需要与可能等关系，使城市建设与社会经济的发展方向、步骤、内容相协调，城市总体规划被当作城市建设的龙头和蓝图，在城市化进程中发挥着重要作用，并得到各级政府的重视，在《城市规划法》中赋予了重要地位。各直辖市、省会城市、重点城市的总体规划被纳入国务院审批。

20世纪80年代末90年代初，随着城市化进程的进一步加快，盲目占用土地耕地现象越来越多，而有限的土地资源成为制约城市发展的重要因素。为协调人口与土地、各用地部门和区域之间用地矛盾，进一步优化土地利用结构，提高土地利用的整体效益，加强土地资源的宏观控制和计划管理，土地利用总体规划因势产生并纳入国家发展战略。各直辖市、省会城市、重点城市的土地利用总体规划被纳入国务院审批，并在《土地管理法》中赋予重要地位。

在城市发展、土地资源保护中，城市总体规划与土地利用总体规划已得到充分的协调和融合，成为我国经济与社会发展中不可缺少的法定规划。

然而，在城市发展中，土地资源得到保护控制的同时，大量的湿地、盐滩、山岭、滩涂、海岸线、风景名胜区、自然保护区等在不断被蚕食，占用生态资源去换取发展空间已成为各地方发展经济、规避土地限制红线的主要手段。

在经济社会发展中，在保护土地资源的同时，还要保护生态资源、环境资源，真正实现资源环境的协调发展。在这一历史时期，提出开展环境保护总体规划就显得十分必要和紧迫。

2. 符合优化产业结构、转变经济增长方式的需要

从规划入手，系统解决发展与环境保护的矛盾，使发展与保护相一致，这在当今尤为重要。

国际经验表明，在经济发展中优化产业结构、转变经济增长方式的重要手段就是要强化环境保护，用提高环境准入门槛限制高污染、高耗能、高耗资源的产业的发展，以此引导企业转型，走高技术、高效益、低排放的可持续发展之路。党中央、国务院审时度势，及时提出中国经济社会发展要走资源节约型和环境友好型之路，这就从发展战略和发展观念上改变过去粗放式发展模式，真正实现经济发展与环境保护双赢。

原环境保护部周生贤部长指出，环境保护要起到优化产业结构调整，促进经济增长方式转变，要用新思想新思维探索新问题，不断开创环境保护新道路。

环境保护总体规划的提出，是开创环境保护新道路的一项具体实践，是从规划开始，引导产业结构调整，促进经济增长方式转变的最直接手段。总体规划的核心思想就是用生态区划指导产业布局，用环境容量限制经济发展中的高排放量。因此，开展环境保护总体规划，一定会在产业结构调整优化、加快经济增长方式转变中起到重要作用。

3. 符合综合治理环境问题的需要

中国的环境保护正从污染末端治理型向污染控制型转变，并在不断寻求对污染全防全控与综合治理的综合型突破。而实现这一突破的前提必须有科学的环境保护规划做指导。科学的环境保护规划必须与经济社会发展规划相一致，必须具有引导经济良性持续发展、预防和控制污染、综合治理污染这一功能。现有的环境保护规划都没有把这一功能运用在一起，与城市总体规划、土地利用总体规划没有很好的融合，特别在空间规划上有缺失，使环境保护的手段不硬，难以与其他部门共同综合治理环境问题。

环境保护总体规划的提出，就是要从规划源头上解决与各总体规划的融合问题，真正把综合治理环境问题的各种措施手段融入各部门的工作中去，以达到共同治理的目的。

4. 符合坚持科学发展观，实现和谐社会的需要

2003年胡锦涛总书记提出要"坚持以人为本，树立全面、协调、可持续的发展观，促进经济社会和人的全面发展"，按照"统筹城乡发展、统筹区域发展、统筹经济社会发展、统筹人与自然和谐发展、统筹国内发展和对外开放"的要求推进各项事业的改革和发展。

一部环境保护的历史就是一部正确处理经济发展与环境保护的关系史。传统的发展模式，是以资源的高消耗、高投入和环境的高污染换取经济的低效益增长，经济增长与环境保护的矛盾十分尖锐。而科学发展观不赞成单纯为了经济增长而牺牲环境，也不赞成单纯为了保护环境而不敢能动地开发自然资源。二者之间的关系可以通过不同类型的调节和控

制，达到在经济发展水平不断提高时，也能相应地将环境能力保持在较高的水平上。经济发展不是以拼资源、拼能源、恶化环境和破坏生态为代价，而是要处处考虑可持续发展，应用信息化和高技术节约资源，保护资源和环境，提倡循环经济，采用新技术特别是清洁生产技术，提高生产过程和产品的绿色化程度。科学发展既要"资源节约"，又要"环境友好"，继而实现经济的又好又快发展。

人与自然和谐发展是和谐社会的重要组成部分。人与自然的矛盾越尖锐，环境保护在构建和谐社会中的地位就越重要。近年来，环境问题已严重影响到社会稳定。如果环境保护继续被动适应经济增长，一些因环境污染引起的社会不安定状况便难以遏制，甚至有愈演愈烈之势。因此，环保工作必须加快推动历史性转变，下大力气解决涉及人民群众利益的突出环境问题，有效化解各类环境矛盾和纠纷，维护社会和谐稳定。环境保护总体规划正是依据科学发展观的要求，科学布局生态空间和发展空间，综合解决区域里各种环境问题，既保证发展，又不因发展而损害环境，从而达到环境友好。

新时期的环境保护规划将进入一个全域谋划、总体规划、开拓创新的新时期。环境保护规划在优化配置环境资源和规避潜在环境风险，促使经济社会协调持续发展的作用不断显现。在此背景下提出编制环境保护总体规划，旨在提高环境保护规划在国家规划体系中的地位，强化环境要素的宏观控制，发挥环境保护总体规划系统性、综合性优势，以此指导各项环境保护专项规划的编制和实施。可以说，环境保护总体规划与城市总体规划、土地利用总体规划是同等重要的规划，同属于一个层面，它从规划开始就紧密与土地资源和城市布局、产业调整相融合，具有很强的空间属性和可操作性。因此，环境保护总体规划的提出一定会对环境保护工作起到积极促进作用。

7.1.2　环境保护总体规划的基本特征

《大连市生态环境保护"十三五"规划》借鉴了城市规划的编制理念和方法，针对当前大连市的主要环境问题，结合城市本身的发展条件和基础状况，确立了建设资源节约型、环境友好型社会和生态宜居城市的总体目标，并以全面贯彻落实科学发展观，促进经济增长方式转变和优化城市布局为主线，制定了具体的实施途径、步骤和行动纲领，明确了环境要素在空间总体层面的刚性和弹性控制范围，将环境保护总体规划与城市总体规划、土地利用总体规划置于同一层面，赋予其空间属性，强化协调机制、突出规划的可操作性，并参考、结合相关规划，编制建立了新的环境保护总体规划指标体系和规划同步实施与协调机制，以协调其与相关规划的作用和关系，达到共同进行城市空间管治的高度统一。克服了以往环境规划时序滞后、地位不高、协调性不足、规划措施可操作性差以及技术指标体系不健全等问题[200]。综合来看，《大连市生态环境保护"十三五"总体规划》的基本特征主要体现在以下几个方面：

第一，环境保护总体规划的开展使环境要素的空间可控性得以增强。传统的环境规划并没有被赋予空间属性，而《大连市生态环境保护"十三五"总体规划》则借鉴城市规划的理念和方法以及GIS技术，结合不同环境要素的特征属性，规划编制了大量矢量化图件（图7.1~图7.6）。进行了大连市保护区与环境功能区的具体区划，主要内容涵盖了自然保

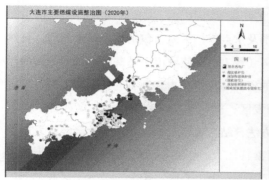

图7.1　大连市主要燃煤设施整治图

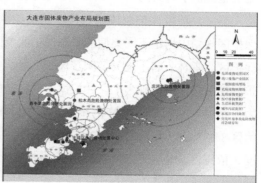

图7.2　大连市固体废物产业布局规划图

图7.3　大连市矿山开采控制分区图

图7.4　大连市饮用水水源保护区分布图

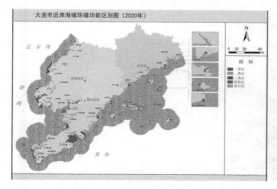

图7.5　大连市近岸海域环境功能区划图

图7.6　大连市环境风险区域红线图

注：图7.1-图7.6来源于大连市环境保护局官网公开文本《大连市生态环境保护"十三五"规划》。http://www.epb.dl.gov.cn/common/View.aspx?mid=422&id=30760&back=1

护区、森林公园、风景名胜区、环境功能区划、环境预测、规划措施等诸多方面，彻底提高了环境规划的空间可控性。此外，《大连市生态环境保护"十三五"规划》还参照《城市规划编制办法》以及其他专业规划的技术手段，成功解决了以往环境规划空间红线不清的问题，把环境要素因子真正落实到空间上来，使规划更为直观，同时也为规划决策和规划实施提供了有力的技术支撑，是对传统环境规划的升级与创新。

第二，环境保护总体规划使环境功能区的功能和作用得以发挥。通过在大连市生态保护区规划中划定不同类型的生态保护区范围及重点保护区域，包括饮用水水源地、自然保护区、森林公园、地质公园、风景名胜区等（图7.7），使城市生态基底，得到严格的保护和控制。在此基础之上，并根据不同区域的资源环境承载力和现有的开发密度与发展潜力，将城市空间划分为禁止开发区、限制开发区、优化开发区和重点开发区四种空间管治区（图7.8），并采用系统动态的分析规划方法，结合大连市生态环境与社会经济发展状况，依据区域生态环境敏感性和各类环境要素特征，运用3S（GIS、GPS、RS）技术，进行了大连市的生态功能区划。将大连市划分为4个一级生态区、10个二级生态区和73个三级生态区（图7.9），构建了"一条绿色脊梁多个开放廊道"，总体上形成"两横一纵、五大生态廊道"的生态安全格局（图7.10、图7.11）。可以说，环境保护总体规划通过对基本环境要素的空间控制，真正实现了对城市空间的生态管制。

第三，环境保护规划有效地实现了部门间规划的相互联动。在规划编制阶段通过反复与《大连市城市总体规划》《大连市土地利用总体规划》修编部门的沟通、协作，有效实现了部门间的联动和互通，保证了城市总体层面规划的统一性。目前，《大连市生态环境保护"十三五"规划》所提出的环境保护目标、生态功能分区、规划措施等已融入同期开展的《大连市城市总体规划》《大连市土地利用总体规划》修编工作中。如《规划》中提出的生态功能分区已作为《大连市城市总体规划》的基础，纳入其主体功能区划之中。

图 7.7　大连市自然保护区分布图

注：图7.7来源于大连市环境保护局官网公开文本《大连市生态环境保护"十三五"规划》。http://www.epb.dl.gov.cn/common/View.aspx?mid=422&id=30760&back=1

图7.8 大连市产业园区分布图

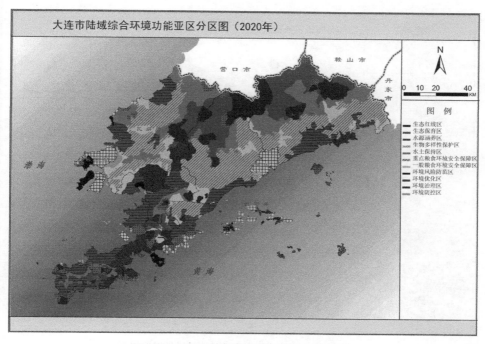

图7.9 大连市陆域综合环境功能亚区分区图

注：图7.9来源于大连市环境保护局官网公开文本《大连市生态环境保护"十三五"规划》。http://www.epb.dl.gov.cn/
common/View.aspx?mid=422&id=30760&back=1

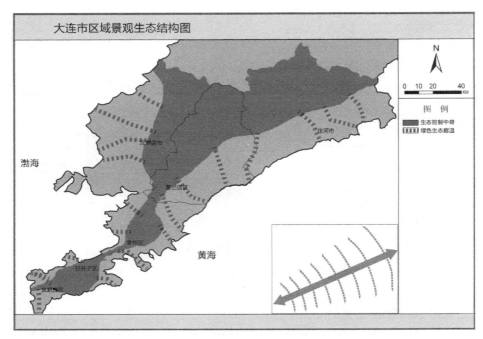

图 7.10　大连市区域景观生态结构图

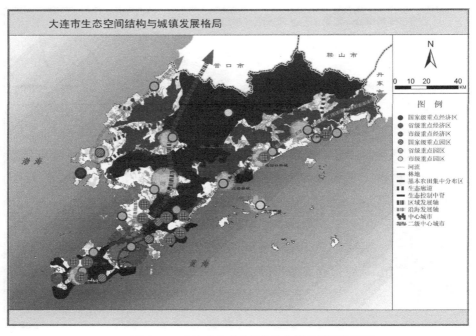

图 7.11　大连市生态空间结构与城镇发展格局图

注：图 7.10- 图 7-11 来源于大连市环境保护局官网公开文本《大连市生态环境保护"十三五"规划》。http://www.epb.
dl.gov.cn/common/View.aspx?mid=422&id=30760&back=1

此外，大连市还建立了完善的环境保护总体规划评估制度，采用动态、跟踪、连续、循环的方式，对《大连市生态环境保护"十三五"规划》所提出的主要任务及各项指标的执行完成情况进行年度评估，总结规划实施过程中所存在的问题，并分析其原因，从而提出修改、完善的意见和建议，以指导下一步工作的开展，确保总体规划实施的连续性、完整性和有效性。

7.1.3 环境保护总体规划的作用和意义

1. 作为国家宏观调控的手段

在市场经济体制下，整个社会的存在和运行都依赖于市场的运作，城市中任何要素的作用都需要与市场机制相结合才能得到发展。市场机制鼓励的是对个体利益的极大追求，而社会公共利益的获得就需要政府通过法规制度来干预实现。而规划本身就具有调控利益分配，保护公共利益的作用。因此，环境保护总体规划的作用就更多地体现在：①是经济、环境、社会发展的保障措施；②以政府干预的方式保证经济社会发展符合公共利益；③在特点时期用环境手段修正市场失调带来的发展过热问题。

2. 作为政策形成和实施工具

环境保护总体规划贯穿于社会发展的各个部门、各个行业，而各部门的决策都对社会发展产生作用和影响。所以，环境保护总体规划要为各部门、各行业的决策提供背景框架和整体导引，以保证决策都在一个方向上。在这个意义上，环境保护总体规划就起到各部门、各行业政策形成和实施过程中的工具作用。

3. 作为产业结构调整的杠杆

环境保护总体规划是把环境要素落实到城乡空间上，与城乡总体规划、土地利用总体规划相互协调与制约。而土地利用总体规划只明确那些土地可用作建设用地，而没有明确建设用地的种类。城乡总体规划明确了用地种类，如工业用地、居住用地等，但都没有明确工业用地的具体分类。环境保护总体规划却能明确化工类、机械类等用地适宜的空间和位置，是站在大环境角度去调节产业结构和布局，特别对于生态敏感区和脆弱区内已存在的产业，环境保护总体规划就起到控制和加快调整的作用。

4. 作为环境保护由微观走向宏观的纽带

环境保护总体规划的提出目的在于建立完善的环境保护规划体系，实现以总体规划为核心，将国家战略宏观规划与微观项目环评进行系统连接，使环境保护专项规划、环境评价和环境区划的编制有所依据。环境保护总体规划是环境要素之集成，是规划环评、项目环评之依据，是环境保护工作之纲领。只有抓住了这个纲，环境问题才能在总体规划指导下有系统地得到解决，才能把环境要素的控制从微观走向宏观，实现真正意义的环境保护规划。

总之，大连市环境保护总体规划的提出，一方面整合建立了地方较为完整的空间规划体系，实现了城乡规划、土地利用规划、环境保护规划在城市总体层面的对接（图7.12）；

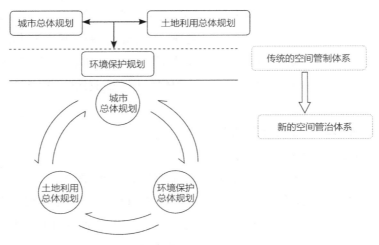

图 7.12　大连市空间规划体系重构

另一方面，也使环境保护规划的地位得以提升，其空间引导、调控作用得以发挥，从而改变长期以来环境保护规划的滞后性和权威性不足等问题。此外，还为环境影响评价提供了有力依据，改变了以往进行环评时所涉及、依据的法规、政策、标准、规范等基础数据和评价指标的松散、凌乱问题。

7.2　基于城市总体层面的空间规划协调

7.2.1　规划比较分析

为全面贯彻科学发展观，切实落实节约资源和保护环境的基本国策，统筹土地资源开发、利用和保护，促进城市经济、社会、环境又好又快发展，近年来大连市先后编制了《大连市城市总体规划（2010—2020年）》《大连市土地利用总体规划（2006—2020年）》《大连市环境保护总体规划（2008—2020年）》等多项空间发展规划，力求用长远的、建设性的思路谋划未来城市发展的路径。其中环境保护总体规划的编制与实施，作为环境规划领域的一个新的尝试，虽然并非首次提出（《广州市环境保护总体1996—2010年》），但在国内尚属领先。目前，也已得到国内诸多城市的普遍认同。但规划本身并无定式，规划目标、核心内容等方面还需具体分析、因地制宜。如今，《大连市生态环境保护"十三五"规划》提出的环境保护目标、生态功能分区、规划措施等已融入同期开展的《大连市城市总体规划》《大连市土地利用总体规划》修编工作之中。如《大连市生态环境保护"十三五"规划》中提出的生态功能分区已作为《大连市城市总体规划》的基础，并纳入其城市市域主体功能区规划。规划编制期间也反复与《大连市城市总体规划》《大连市土地利用总体规划》修编部门进行了广泛的沟通和联动。

可以说，大连市各级规划部门已充分认识到环境规划本身所具有的空间属性，也试图将其纳入空间规划体系中来统一编制，而这也是本文选取大连为应用案例的主要原因。以下对当前大连市空间规划体系内的主要规划进行筛选、比较（见表7.1）。需要说明的是，因有相关规划仍在编制当中，本研究暂不涉及。

大连市总体层面的规划比较　　　　　　　　　　　表7.1

	城市总体规划	土地利用总体规划	环境保护总体规划
规划思想	贯彻国家东北振兴和辽宁沿海经济带发展战略。促进区域协调和城乡统筹发展。加强生态环境保护、转变发展方式。改善民生、以人为本。	深入贯彻落实科学发展观，坚持节约资源和保护环境的基本国策，坚持节约集约用地和保护耕地的指导方针，围绕全面建设小康社会、振兴东北和建设东北亚重要的国际航运中心的目标，统筹各业各类、各区域土地利用，妥善处理经济社会发展、耕地保护和生态建设三者之间的关系，以构建资源节约型和环境友好型社会为出发点，提高土地资源对经济社会全面、协调和可持续发展的保障能力。	全面贯彻落实科学发展观，以促进经济发展和优化结构为主线，以建立良好的生态环境为核心，坚持环境保护与经济增长并重、与经济发展同步。统筹城乡，统筹区域，统筹天地，统筹海陆，统筹人与自然，统筹人与城市，统筹资源与环境，统筹各项规划。
规划目标	建设基础设施完备、城市功能完善、产业集群高端、具有较强吸聚、辐射和服务功能的东北亚重要国际城市。使大连成为：区域中心、创业基地、生态城市、滨海名城。	1. 建设资源节约型、环境友好型城市，保障城市经济社会发展用地。 2. 严格保护耕地和基本农田，发展都市型现代农业。 3. 建设生态城镇，继续防治土地污染、盐碱化和水土流失，复垦废弃地，改善生态环境。	以建设资源节约型、环境友好型社会和生态宜居城市为总体目标，全力推进生态文明建设，构建持续协调发展的生态经济体系、自然宜居的生态环境体系、责权明晰的生态环境执法和保障体系。
规划原则	—	1. 严格保护耕地。 2. 节约集约用地。 3. 统筹各业各类用地。 4. 加强土地生态建设。 5. 强化土地调控能力。	借鉴消化，集成创新；自然和谐，改善环境；分类指导，突出重点；完善机制，体现特色。
规划地位	是大连市城市发展、建设和管理的依据。城市规划区内一切建设活动必须符合《总体规划》的要求。	是大连市城乡建设、土地管理的纲领性文件，是落实土地宏观调控和土地用途管制制度的重要依据。	作为大连市生态环境保护的战略性文件，是今后20年大连环境保护和生态建设的建议性、纲领性文件和指导、考核各部门的主要依据。
功能作用	—	主要阐明规划期内大连市土地利用管理的主要目标和任务、明确土地利用战略，调整土地利用结构和空间布局、配置土地利用重大工程，并提出规划实施保障措施，引导全社会保护和合理利用土地资源。	通过污染物排放量预测，环境容量分析，资源承载力分析，SWOT分析以及国内外城市环境质量对比分析，建立了规划指标体系。提出了包括大气环境规划、水环境规划、声环境规划、固体废物处置规划、核与辐射污染控制规划、工业布局与结构调整规划、自然生态系统规划、农村环境保护规划、环境风险防范以及环境管理能力建设等10个方面的具体规划。

续表

	城市总体规划	土地利用总体规划	环境保护总体规划
规划范围	市域总面积 13538 平方公里 规划区面积 5558 平方公里 中心城区面积 1194 平方公里	规划范围为全市行政辖区，即六区三市一县（中山区、西岗区、沙河口区、甘井子区、旅顺口区、金州区、瓦房店市、普兰店市、庄河市和长海县），土地总面积 13538.39 平方公里。	规划范围为全部大连行政区域，陆地面积 12574 平方公里，海域面积 29000 平方公里。
规划期限	10 年	15 年	13 年
归属部门	大连市规划局	大连市国土资源和房屋局	大连市环境保护局
主要任务	近期：初步建成东北地区重要的经济中心，逐步完善东北亚重要国际航运中心的核心职能；结合辽宁沿海经济带的建设和大连市城市空间拓展，重点完善区域重大基础设施建设和公共服务设施建设；加强重大民生工程建设和生态保护工程建设。 远期：逐步实现"建设东北亚重要国际城市"的发展目标。实现以绿色产业为方向、以高新技术为引领的产业全面优化与升级；构建人地和谐的生态安全体系；实现工业化带动城镇化，形成沿黄、渤海的多节点城镇布局；促进城乡协调发展，全面建立完善的社会保障体系、住房保障体系和公共服务体系；进一步塑造和展示自然景观、历史风貌与现代气质相互交融的国际滨海名城。	（一）保护和合理利用农用地 1. 严格控制耕地流失 2. 加大补充耕地的力度 3. 加大耕地占补平衡力度 4. 强化基本农田保护和建设 （二）节约集约利用建设用地 1. 严格控制建设用地总规模 2. 统筹城乡建设用地 3. 保障必要的基础设施用地 4. 调整其他建设用地 （三）统筹安排生态环境用地 1. 构建绿色生态空间 2. 建设生态环境工程	到 2010 年，各项指标保持在现有水平，维持环境质量现状；2015 年，环境质量明显改善；2020 年，环境质量达到发达国家同等城市水平，其中二氧化硫、二氧化氮的浓度达到国家一级标准和世界卫生组织空气质量准则值，可吸入颗粒物远期达到 WHO 空气质量准则过渡期目标-2，接近国家一级标准水平，规划区域内的饮用水源水质达到 II 类标准，地面水水质全部达到 III 类以上标准，海域水质全部达到二类以上标准。
监测手段	报告、检查	卫星、遥感	技术检测
审批机关	国务院	国务院	同级人民政府
监督机构	国务院、上级人民政府、本级人民政府、本级人大	国务院、上级人民政府、本级人民政府、本级人大	本级人民政府、本级人大
协调制度	规划委员会	—	环境保护委员会
保障措施	行政途径 财政途径 法律途径 市场途径	（一）完善土地立法执法监察制度 （二）强化规划实施行政管理手段 （三）完善规划实施的经济调节机制 （四）加强规划实施技术保障能力 （五）建立规划实施社会参与机制	法制保障 行政保障 组织保障 资金保障

续表

	城市总体规划	土地利用总体规划	环境保护总体规划
衔接手段	—	—	规划环评
布局结构	市域空间结构：一轴两翼，一核两极七节点。 中心城区空间结构：一核、一极、组团结构。 1. 禁建区 面积约 3764 平方公里，占市域总面积的 27.8%。 2. 限建区 面积约 5615 平方公里，占市域总面积的 41.5%。 3. 适建区 面积约 4159 平方公里，占市域总面积的 30.7%。	依照土地利用结构相似性、土地主导用途或功能一致性，将全市划分为中心城区、城镇化重点发展区、农业综合发展区、生态涵养区和海岛经济区 5 个土地利用分区。	将大连市划分为 4 个一级生态功能分区，10 个二级生态功能分区和 73 个三级生态功能分区。

7.2.2　规划协调运作

基于上文所构建的规划协调性分析框架，通过德尔菲法及所建立的各项权重和指标体系，以问卷形式对40名专家进行调查（发放问卷全部有效回收，统计分析数据可靠），其中城市规划领域专家8位；土地利用规划领域专家8位；环境保护规划领域专家8位；发展计划政策研究专家8位；社会学、公共管理学、法律专家共8位。经过对规划内部协调性与规划外部协调性评分统计分析判断，认为当前规划协调性属中间偏亚协调状态（表7.2）。主要问题表现在：

（1）各规划自主性强，但相互间衔接较差。环境保护总体规划地位有待进一步提升。各规划对专属指标体系都有较为严格的执行策略和实施手段，涉及其他相关规划的指标内容，只有文字提及却无实际行为举措说明。

（2）规划管理行政方面缺少有效协调机制。相对封闭的规划实施体系未能达到"统筹规划"的理想意愿。

（3）缺少协调主导部门，城市人民政府的协调作用未能完全体现。各规划直属部门虽对规划协调有所说明，如《大连市环境保护条例》要求市及县级环境保护主管部门应当根据环境保护总体规划，编制本行政区环境保护专项规划。但规划协调尚属内部要求，并无上级或主管部门牵头，彼此联席会议等互动、互通方式也极为有限。

（4）并未出台明确的规划冲突协调裁定法律、法规或章程，还属于出现矛盾找领导，而不是找法规的"人的协调"，尚不属于依法协调状态。

大连市总体层面的规划协调性分析　　　　　　　表 7.2

内容		指标（权重）	加权分值	得分	综合	协调状态判断		
规划内部协调性权重 0.5	相容性权重 0.6	规划思想 0.1	9	881	48.6			
		规划目标 0.2	16					
		数据指标 0.2	18					
		核心要素 0.2	16		37.3			
		功能布局 0.2	14					
		基本原则 0.1	8					
	互动性权重 0.4	协作方式 0.2	13	665	26	保守	亚协同	协同
		互动频率 0.2	13			弱互动	中间	亚相容
		共享程度 0.3	21			冲突	弱冲突	激进
		相互作用 0.3	18					
规划外部协调性权重 0.5		法律地位 0.2	12	62.25	31.125			
		归属层级 0.2	13					
		职能领域 0.15	9.75					
		主体客体 0.1	6.5					
		政策倾向 0.15	9					
		作用影响 0.2	12					

针对当前的问题，提出解决冲突的主要方案：

（1）提高环境保护总体规划的法律地位，明确环境要素优先考虑，以及环境容量、环境承载力和基本农田的控制性。在城市总体层面建立起由城市总体规划—土地利用总体规划—环境保护规划所共同架构的空间规划体系，以此指导城市空间发展的具体事宜。

（2）建立规划共享互通，相互制衡、监督，彼此共赢的协调机制，如互通的征求意见或反馈联系制度等。

（3）明确城市人民政府在规划协调过程中的主导地位，并由政府法制办公室联合各规划相关部门共同编制大连市规划冲突协调裁定章程，由人民政府组织实施，并报上级人民政府和各相关部门备案。

（4）整个协调过程原则上坚持先自主协调，再共同上报裁定的程序，保证全过程的公开透明，以及协调结果的有效性。

至此，笔者简单设计了一个地方性的项目注册及管理程序（图7.13），以供参考。

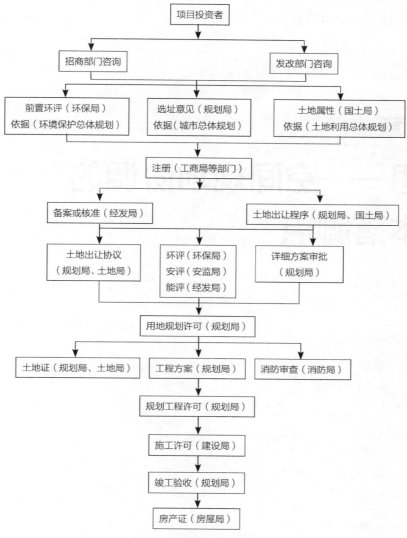

图 7.13　项目注册及管理程序图

7.3　本章小结

　　针对空间规划不协调问题，虽然经过了规划协调性分析运作框架较为系统的研究，得出了较为科学的分析结论，并提出了相应的解决方案。但需要说明的是，通过问卷形式的回访及笔者对空间规划协调运作实施的反思，笔者发现，对于各级规划管理者来说，即便目前已普遍认同技术革新、法制建设、机制创新、体制改革四个主要规划协调途径，而真正实现空间规划协调的核心，目前还尚不明晰，或者可以说，解决规划矛盾的方案还找不到基本落脚点。对此，笔者将在下一章做具体分析研究。

第 8 章

反思——空间规划协调的基本落脚点

基于上文的分析，即便研究初步构建了实现空间规划协调的运作与评估框架，但在面对现实的规划矛盾冲突时，规划管理者仍然难以找到解决方案实施的基点。这就使得相关研究也难免不会成为"空中楼阁"，得不到具体支撑。因此，有必要对空间规划协调的基本落脚点进行反思，以补充、完善前文所构建的空间规划协调理论与制度框架。

8.1　空间规划管理的核心——空间管治

空间资源的分配一向是政府握有的为数不多而行之有效的调控社会整体发展的手段之一[13]，通过划定区域内不同开发建设或保护特性的类型区，制定不同的开发标准和控制引导措施，实施相应的管制、控制与引导对策，以协调区域内社会、经济与环境的可持续发展。具体的表现为各种形式的空间规划与管理行动。但随着社会经济环境等多方面因素的变革，传统空间规划管理所奉行的纵向（自上而下）、单一、静态、僵硬、粗放的空间管制方式已越来越不能适应现实的空间发展需求。因此，一种通过多种集团的对话、协调、合作以达到最大程度动员资源来补充市场交换和政府自上而下调控不足，以此实现"双赢"的综合的社会治理方式[157]——空间管治，备受国内外城市与区域空间规划及管理的关注。如今，空间管治作为一种有效而适宜的资源配置调节方式，日益成为空间规划管理的重要手段和内容。可以说，空间管治已成为当前空间规划管理的核心所在。

具体来看，管治（governance），不同于行政（administration），也不同于管理（management）以及传统的管制（government），虽然他们都具有控制、指导或操纵之意，但四者有着明显的区别[158]。首先，无论是行政、管理，还是管制，都是自上而下的指令；而管治则是自上而下与自下而上的结合。其次，行政、管理、管制都是完全由政府来决策，忽视了多元化、多层次、多渠道以及日益复杂的城市管理的存在，更缺乏对市民民主参与城市事务热情提升的考虑。而管治则着眼于调动各方面的积极性，协调各方利益。综合来看，管治与管制的区别主要集中在目标、功能、性质、手段、控制方式、参与性等几个方面（表8.1）。

管制与管治的比较分析　　　　　　　　　　表 8.1

项目	管治	管制
概念	管治是探讨社会各种力量之间的权力平衡，是涉及不同层级政府或发展主体之间、同级政府之间的权力互动关系。管治不是一项制度，而是各种利益集团之间的相互协调过程。	管制是政府利用法规对市场进行的制约，可分为直接管制和间接管制。间接管制指反垄断政策；直接管制指由行政部门直接实施的干预，又分为经济性管制和社会管制。

续表

项目	管治	管制
范围	侧重于宏观与中观尺度的区域与区域之间，不同发展主体之间。	侧重于微观尺度的单元之间，如公司与公司之间。
时限	时限长，具有长期性。	时限短，具有即时性，如交通管制，以及公司等各种临时性管制等。
控制原因	当计划（包括规划）的执行过程中许多不同利益发生冲突时，通过协调达成一致。	市场失灵和社会公平。在社会管制方面，首要原因是如果没有政府干预，私人公司就不会充分考虑他们的行为所带来的社会成本，从而造成社会净损失。在经济管制方面，原因是通过管制提高经济效益。
造成影响	管治无法考虑政治权力的特殊性，过分强调横向管治便减少了中央政府在主要问题上推行长期政策的合法性和可能性。一味地强调管治可能导致决策脱离公众控制而使权力向特殊利益集团转移；从操作层面上讲，管治主张多种组织、多个层次和决策当局共同作用。	实践中政府也可能失灵。经济管制和社会管制都要求掌握充分的信息，而实行管制的机构却通常并不拥有充分的信息。此外，管制还常被政治家们用来攫取政治利益而不是纠正市场失灵，用于将大量财富流向社会中有势力的集团。
政治	政治与行政交互作用	政治与行政相互分离
欲达目标	突出解决问题的有效性，提倡公众参与解决区域问题，在资源有限条件下追求卓越。	突出提高效率，注重专家的角色功能，在资源充裕条件下实现组织成长。
参与性	分权与参与，多元化和广泛参与式的民主。	集权与控制，利益团体受到影响。
功能	重新设计功能和责任	维持功能
性质	参与性的社会规划	广泛理性的规划
主动性	主动学习、改变和解决区域问题，资讯分享和相互交流。	被动学习、改变和解决单元问题，资讯累积。
手段	横向通力合作和人际关系网络	垂直的协调和权威控制

目前在我国城市的空间管理方面，起主要作用的几种空间管治规划，分别是主体功能区规划、城乡规划、土地利用规划与环境保护规划。这四类规划隶属于不同的职责部门，对区域空间发展实施着各自相应的管制、控制与引导对策。他们共同承担着对某一区域空间资源的分配与调控作用，也共同建立起该地区空间发展的公共政策体系。

然而，对于具体的区域空间而言，面对如此复杂繁多的空间管治策略，如若不能理清头绪，也难免陷入"一女多嫁"的混乱局面（图8.1）。因此，实现空间规划协调，就必须抓住空间管治这一核心问题来探讨。

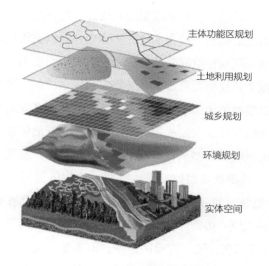

主体功能区规划

土地利用规划

城乡规划

环境规划

实体空间

图8.1 多样的空间管治区划图

8.2 以空间管治为基本落脚点的空间规划协调

空间规划的核心在于空间管治。空间规划协调的实施，也应以空间管治的协调为基点。诚然，不同类型的空间规划有不同的空间管治分区，如主体功能区规划以资本、土地、劳动力、技术和政策等生产要素配置导引为基本原则，根据资源环境承载能力、现有开发密度和发展潜力，统筹考虑未来我国人口分布、经济布局、国土利用和城镇化格局，将国土空间划分为优化开发、重点开发、限制开发和禁止开发四类主体功能区，其实质是区域发展的政策分区（史育龙，2008）。具体来看，不同类型空间管治分区既有相似性也有差异性[159]，而实施空间规划协调的基本落脚点就在于对各类空间管治进行"求同存异"式的协同重构。

8.2.1 空间管治范围的一致性

空间规划协调应首先建立在统一空间范围的基础之上。而目前在我国城市空间管理方面起主导作用的几种空间管治规划：主体功能区规划、城乡规划、土地利用规划以及环境保护规划，针对具体的空间管治区范围的划定还存有出入。

例如，主体功能区规划由国家主体功能区规划和省级主体功能区规划组成，分国家和省级两个层次编制。国家层面的四类主体功能区不覆盖全部国土，优化开发、重点开发和限制开发区域原则上以县级行政区为基本单元，禁止开发区域按照法定范围或自然边界确定。省级主体功能区规划则要根据国家主体功能区规划，将行政区国家层面的主体功能区确定为相同类型的区域，保证数量、位置和范围的一致性。对行政区国家主体功能区以外的国土空间，要根据国家确定的原则，结合本地区实际确定省级主体功能区，原则上以县级行政区为基本单元。而城乡规划在空间管治区的划定上则明确指出：规划区是指城市、镇和村庄的建成区以及因城乡建设和发展需要，必须实行规划控制的区域。规划区的具体范围由有关人民政府在组织编制的城市总体规划、镇总体规划、乡规划和村庄规划中，根据城乡经济社会发展水平和统筹城乡发展的需要划定。因此，管治区范围的划定带有很大的随意性。所以有学者（谭纵波，2005）针对城市总体规划指出，要实现对城市规划区范围内土地利用"全覆盖"式的面状规划控制[160]，即强调规划区范围应放眼全域。此外，土地利用规划、环境保护规划中的分区管治范围的划定也都是以全域空间为基础的。因此，实现空间规划协调，必先统一协调好各类空间管治分区的范围边界。笔者建议以城市（市域）总体层面为管治分区图底，统一管治区范围，但不强制统一安排管治单元，各类规划依然按各自功能区划方式进行功能区管治。其中，主体功能区规划因其政策属性也不刚性的强调进行全覆盖式的区划，而城乡规划、土地利用规划、环境保护规划则应实现空间管治范围的对接，即区域内的任何空间地块都至少明确这三类规划所赋予的管治属性，这一点可通过GIS等相关软件得以操纵实现（图8.2）。

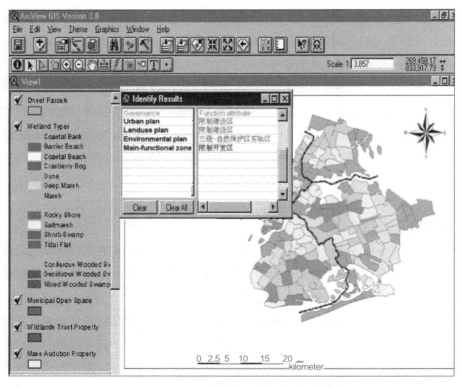

图 8.2　基于 GIS 平台的空间管治协调图

8.2.2　空间管治功能的协同性

对某一地域空间而言，不同的空间规划方式会赋予不同的区划功能，并采取不同的管治策略。但如果众多管治要求之间发生矛盾，空间管制体系出现混乱，那势必造成空间的无序发展[161]，因此空间管治功能的协调就显得尤为重要。

具体来看，主体功能区规划主要根据不同区域的资源环境承载能力、现有开发密度和发展潜力，统筹谋划未来人口分布、经济布局、国土利用和城镇化格局，将国土空间划分为优化开发、重点开发、限制开发和禁止开发四类功能区。通过确定主体功能定位的方式，明确开发方向，控制开发强度，规范开发秩序，完善开发政策，从而逐步形成人口、经济、资源环境相协调的空间开发格局。城乡规划根据资源环境、工程地质等限制条件，结合城市发展方向，对市域城镇体系进行禁建区、限建区、适建区范围的划定，以及对中心城区禁建区、限建区、适建区和已建区的划分，并制定相应的空间管制措施，以求通过空间准入制度的建立来确保空间管制的有效实施。土地利用规划则根据国家社会经济可持续发展的要求和当地自然、经济、社会条件，按照严格保护基本农田，控制非农业建设占用农用地；提高土地利用率；统筹安排各类各区域用地；保护和改善生态环境，保障土地的可持续利用；占用耕地与开发复垦耕地相平衡的原则，将土地分为农用地、建设用地和未利用地。严格限制农用地转为建设用地，控制建设用地总量，对耕地实行特殊保护。其中农用地是指直接用于农业生产的土地，包括耕地、林地、草地、农田水利用地、养殖水面等；建设用地是指建造建筑物、构筑物的土地，包括城乡住宅和公共设施用地、工矿用地、交通水利设施用地、旅游用地、军事设施用地等；未利用地是指农用地和建设用地以外的土地。环境功能区划是从整体空间观点出发，根据自然环境特点和经济社会发展状况，把规划区分为不同功能的环境单元，以便具体研究各环境单元的环境承载力及环境质量的现状与发展变化趋势，提出不同功能环境单元的环境目标和环境管理对策，是实施区域生态环境分区管理的基础和前提。一般划为三个等级，首先从宏观上以自然气候、地理特点划分自然生态区；然后根据生态系统类型与生态系统服务功能类型划分生态亚区；最后根据生态服务功能重要性、生态环境敏感性与生态环境问题划分生态功能区（表8.2）。

因此，空间管治下对同一地块的功能定位必须协调。笔者通过对各区划功能的比较，初步建立了用于空间管治的功能联系对照表（表8.3），以供相关研究参考，其中不能相互兼容的管治类型用"#"表示。

8.2.3　空间管治指标的协调性

不同的空间管治区划采取不同的管治策略，而其核心就在于进行区划时所依据的指标体系不同。因此，进行空间规划协调必须考虑各类空间管治区划背后指标体系的协同性。在此，笔者将相关规划的指标体系进行梳理，以供规划协调运作时参考。需要说明的是，在进行管治分区编制（或调整）、管治策略编制（或修订）时都应考虑各类指标间的协调性（表8.4），即统一基础数据、统一技术规范指标、协调各用地分类标准，实现指标信息动态化监测与共享，并对基础数据进行定期互通、校对。

空间管治区划的功能比较　　　　　　　　　　　　表 8.2

空间规划	代码	管治类型	区划功能
主体功能区划管治分区	A1	优化开发区	国土开发密度已经较高、资源环境承载能力开始减弱的区域
	A2	重点开发区	资源环境承载能力较强、经济和人口集聚条件较好的区域
	A3	限制开发区	资源承载能力较弱、大规模集聚经济和人口条件不够好并关系到全国或较大区域范围生态安全的区域
	A4	禁止开发区	依法设立的各级、各类自然文化保护区域以及其他需要特殊保护的区域
城乡规划管治分区	B1	已建区	—
	B2	适建区	除禁止建设区和限制建设区以外的地区
	B3	限建区	生态敏感区和城市绿楔
	B4	禁建区	具有特殊生态价值的生态保护区、自然保护区、水源保护地、历史文物古迹保护区等不准建设控制区
土地利用规划管治分区	C1	建设用地	建造建筑物、构筑物的土地，包括城乡住宅和公共设施用地、工矿用地、交通水利设施用地、旅游用地、军事设施用地等
	C2	未利用地	农用地和建设用地以外的土地
	C3	农用地	直接用于农业生产的土地，包括耕地、林地、草地、农田水利用地、养殖水面等
环境保护规划管治分区	D1	一级区	以国家生态环境综合区划三级区为基础。注意区内气候特征的相似性与地貌单元的完整性
	D2	二级区	以主要生态系统类型和生态服务功能类型为依据。注意区内生态系统类型与过程的完整性，以及生态服务功能类型的一致性
	D3	三级区	以生态服务功能的重要性、生态环境敏感性等指标为依据。注意生态服务功能重要性、生态环境敏感性等的一致性

空间管治区划的功能比较　　　　　　　　　　　　表 8.3

A1	B1	C1	D1 D2 D3	A2	B1	C1	D1 D2 D3
		#	D1 D2 D3			#	D1 D2 D3
		C3	D1 D2 D3			#	D1 D2 D3
A1	B2	C1	D1 D2 D3	A2	B2	C1	D1 D2 D3
		C2	D1 D2 D3			C2	D1 D2 D3
		#	D1 D2 D3			#	D1 D2 D3

续表

A	B	C	D	A	B	C	D
A1	B3	C1	D1 D2 D3	A2	#	C1	D1 D2 D3
		C2	D1 D2 D3			C2	D1 D2 D3
		C3	D1 D2 D3			#	D1 D2 D3
A1	B4	C1	D1 D2 D3	A2	#	C1	D1 D2 D3
		C2	D1 D2 D3			C2	D1 D2 D3
		C3	D1 D2 D3			#	D1 D2 D3
A3	B1	C1	D1 D2 D3	A4	B1	C1	D1 D2 D3
		C2	D1 D2 D3			#	D1 D2 D3
		C3	D1 D2 D3			C3	D1 D2 D3
A3	#	C1	D1 D2 D3	A4	#	C1	D1 D2 D3
		C2	D1 D2 D3			C2	D1 D2 D3
		C3	D1 D2 D3			C3	D1 D2 D3
A3	B3	C1	D1 D2 D3	A4	B3	C1	D1 D2 D3
		C2	D1 D2 D3			C2	D1 D2 D3
		C3	D1 D2 D3			C3	D1 D2 D3
A3	B4	C1	D1 D2 D3	A4	B4	#	D1 D2 D3
		C2	D1 D2 D3			C2	D1 D2 D3
		C3	D1 D2 D3			C3	D1 D2 D3

空间管治区划的指标体系

表 8.4

主体功能区评价指标体系	城市总体规划指标体系	土地利用总体规划指标体系	环境总体规划指标体系
建设用地	GDP 总量	耕地保有量	全年空气环境质量优良天数比例
可利用水资源	人均 GDP	各项建设占用耕地控制总量	集中式饮用水水源水质达标率
环境容量	服务业增加值占 GDP 比重	生态环境建设退耕和预计灾毁耕地总量	城市水域功能区水质达标率
生态敏感性	单位工业用地增加值	土地整理、复垦和宜耕地开发等补充耕地总量	声环境质量达标率
生态重要性	人口规模	城镇人均用地指标	SO_2 总排放量
自然灾害	人口结构	农村人均宅基地指标	COD 总排放量
人口密度	每万人拥有医疗床位数 / 医生数	非农建设用地总量规划指标（城乡居民点和独立工矿用地、交通用地、水利设施用地等）	NO_x 总排放量

续表

主体功能区评价指标体系	城市总体规划指标体系	土地利用总体规划指标体系	环境总体规划指标体系
土地开发强度	九年义务教育学校数量及服务半径	土地利用率	氨氮总排放量
人均 GDP 及增长率	高中阶段教育毛入学率	土地生产率	重金属污染物总排放量
交通可达性	高等教育毛入学率	森林覆盖率	城市污水集中处理率
城镇化水平	低收入家庭保障性住房人均居住用地面积	自然保护区面积占本行政区面积的比重	工业废水达标排放率
人口流动	预期平均就业年限	基本农田保护率	工业固体废物处置利用
工业化水平或产业结构	公交出行率		生活垃圾无害化处理率
创新能力	各项人均公共服务设施用地面积（文化、教育、医疗、体育、托老所、老年活动中心）		自然保护区覆盖率
战略选择或区位重要度	人均避难场所用地		环保投资占 GDP 比重
	地区性可利用水资源		万元 GDP 能耗
	万元 GDP 耗水量		万元 GDP 二氧化碳排放
	水平衡（用水量与可供水量之间的比值）		万元 GDP 水耗
	单位 GDP 能耗水平		人居公共绿地面积
	能源结构及可再生能源使用比例		
	人均建设用地面积		
	绿化覆盖率		
	污水处理率		
	资源化利用率		
	无害化处理率		
	垃圾资源化利用率		
	二氧化硫、二氧化碳排放消减指标		

8.3　国土空间规划——空间规划体系重构的关键突破

8.3.1　制度重构

2013年《中共中央关于全面深化改革若干重大问题的决定》在加快生态文明制度建设章节首次提出："通过建立空间规划体系，划定生产、生活、生态空间开发管制界限，落实用途管制。完善自然资源监管体制，统一行使所有国土空间用途管制职责。"这是国家级政策文件首次提出"空间规划体系"。2014年《生态文明体制改革总体方案》中指出："构建以空间规划为基础、以用途管制为主要手段的国土空间开发保护制度""构建以空间治理和空间结构优化为主要内容，全国统一、相互衔接、分级管理的空间规划体系"。此后一系列中央文件对空间规划的功能定位，空间规划体系的层级、内容等进行了政策性解析，其初衷是统一实施国土空间用途管制，推进自然资源监管体制改革，是生态文明体制改革的重要一环，是推动人与自然和谐共生、加快形成绿色生产、绿色生活、绿色发展方式的重要抓手（林坚，2018）。

2018年3月，第十三届全国人民代表大会第一次会议批准的《国务院机构改革方案》，将国土资源部的职责，国家发展和改革委员会的组织编制主体功能区规划职责，住房和城乡建设部的城乡规划管理职责，水利部的水资源调查和确权登记管理职责，农业部的草原资源调查和确权登记管理职责，国家林业局的森林、湿地等资源调查和确权登记管理职责，国家海洋局的职责，国家测绘地理信息局的职责整合，组建自然资源部，作为国务院组成部门。自然资源部对外保留国家海洋局牌子。不再保留国土资源部、国家海洋局、国家测绘地理信息局。

同年8月，中共中央办公厅、国务院办公厅印发《自然资源部职能配置、内设机构和人员编制规定》，明确自然资源部职能：拟订自然资源和国土空间规划；组织编制并监督实施国土空间规划和相关专项规划；查处自然资源开发利用和国土空间规划及测绘重大违法案件。自然资源部下内设机构：国土空间规划局、国土空间用途管制司。国土空间规划局：拟订国土空间规划相关政策，承担建立空间规划体系工作并监督实施。组织编制全国国土空间规划和相关专项规划并监督实施。承担报国务院审批的地方国土空间规划的审核、报批工作，指导和审核涉及国土空间开发利用的国家重大专项规划。开展国土空间开发适宜性评价，建立国土空间规划实施监测、评估和预警体系。国土空间用途管制司：拟订国土空间用途管制制度规范和技术标准。提出土地、海洋年度利用计划并组织实施。组织拟订耕地、林地、草地、湿地、海域、海岛等国土空间用途转用政策，指导建设项目用地预审工作。承担报国务院审批的各类土地用途转用的审核、报批工作。拟订开展城乡规划管理等用途管制政策并监督实施。

2019年1月4日全国人大发布了关于《〈中华人民共和国土地管理法〉〈中华人民共和

国城市房地产管理法〉修正案（草案）》的征求意见，提出：为"多规合一"预留空间。将落实国土空间开发保护要求作为土地利用总体规划的编制原则，规定经依法批准的国土空间规划是各类开发建设活动的基本依据，已经编制国土空间规划的，不再编制土地利用总体规划和城市总体规划。

2019年1月，中央全面深化改革委员会第六次会议指出：将主体功能区规划、土地利用规划、城乡规划等空间规划融合为统一的国土空间规划，实现"多规合一"，是党中央作出的重大决策部署。要科学布局生产空间、生活空间、生态空间，体现战略性、提高科学性、加强协调性，强化规划权威，改进规划审批，健全用途管制，监督规划实施，强化国土空间规划对各专项规划的指导约束作用。

总体来看，由于体制分割和各部门对其各自权力、利益过于强调，中国的空间规划职能被强行肢解，导致现实中无法形成完整统一、协调有度的空间规划体系（张京祥，2013）。而当前国家一系列改革举措的实施为空间规划制度体系重构明确了方向和逻辑思路。一方面，开展国土空间规划，推行"多规合一"并监督规划实施，是此轮自然资源管理体制改革的最大突破，也是未来自然资源部门的最重要职责；另一方面，深化改革仍然需要通过更加合理有效的制度设计，明确、强化国土空间规划的逻辑、方法、内容、层次、作用、评估、监管、问责制度、法律地位，使其对现有的各专项规划真正起到指导约束作用，以确立规范性和有效性。

8.3.2　体系重构

空间规划是一种规划类型，其核心在于空间管治。将国土空间规划，纳入空间规划体系，寻求"多规合一"，基本落脚点就在于对各类空间管治进行"求同存异"式的协同重构。当然，作为一个不同空间规划的集合，空间规划体系是一个具有明确结构与层次的整体。在纵向上，下层次规划是上层次规划的深化、具体化；在横向上是构成综合性空间规划实施的各个方面，也是其实施方略（孙施文，2018）。

具体来看，随着国土空间规划功能定位的明确，我国的空间规划体系结构也变得清晰（当然随着改革的深入以及制度建设的不断完善，规划体系仍然在不断调整之中）。①在全国和省级层面的国土空间规划各层次空间规划的战略部署、政策统筹、方向指引；作为落实国民经济与社会发展规划之自然资源在国土空间发展的总体战略。强调战略、突出指引、偏重统筹协调，以及跨行政区、区域性的协调。核心要义在于实现对国家和省、市地方政府决策的管制。②市、县层面，一方面推进总体层面的规划整合，将主体功能区规划、城市总体规划、土地利用总体规划、环境保护总体规划和其他相关规划有机融合，在具体实践过程中，可参照上文提出的框架进行具体运作；另一方面，尝试在国家、省级国土空间规划的指导下，编制地方国土空间规划（总体层面），不再另行编制土地利用总体规划和城市总体规划。强调实施、突出在总体层面的部署和统筹的内容，既是对政府决策行为的管制，也是对具体开发建设行为的指引和管制。核心要义在于要落实战略、确立目标，将上位要求贯彻到具体的开发管制路径上。关键在于建立全要素的自然资源信息数据平台和完善监管制度，以适应多维度、动态性、精细化、多方利益主体的使用和管理需要。这一层面是未来空间规划体系重构突破的关键性所在。③乡（镇）、村层面，强化对要素资源的监管、控制与配置，强调可操作，可识别，可提取，突出效用。核心要义在于"三区三线"等管控指标、边界、名录的落地。

　　未来将是国土空间规划作为新的"载体平台"统领各空间类规划的一个新阶段（左为，2019），统筹影响空间使用的各要素，关注空间使用结果的效应，以生态文明建设的要求来评判空间规划各要素组合的关系及其质量，不仅是能不能用或建，更重要的是"好不好"（孙施文，2018），将成为未来规划管理工作的核心。

第 9 章

结论与展望

9.1 研究的主要结论

针对本文所研究的核心问题，即"如何实现空间规划的协调整合"，本研究得出了如下主要结论：

（1）虽然多角度的规划整合研究已经展开，主题日渐突出，但系统性的研究框架尚未建立，众多研究还处于分散化、隔离式的状态。具体来看，当前研究的局限主要集中在以下几个方面：首先，对空间规划体系的认识还不够全面，理解也不够深入；其次，局限于条块的思索，而忽视了规划的实效作用；最后，尚缺乏有关规划自身变革与体制制度（环境）变革之间的相互适度性研究。

（2）本研究指出当前中国空间规划所面临的主要困境，即理念的泛化——模糊的方向；理论的淡化——空虚的内涵；实践的浮华——扭曲的功能。笔者认为，首先，中国的规划照搬的多，自创的少，追风的多，问根的少。我国现代规划发展的起点是在从国外引进整体性框架后嫁接起来的，并不是在自己的社会、经济、政治框架中自发生成的。对于中国规划师而言，如若不能与我国规划的现实困境和建设制度相协调，不适时宜地借用国外规划理论，更多的也只能是"旧伤未愈，又添新痛"。其次，中国的规划工作者尚未对规划本身有一个正确的认识。虽然我们有着"摸着石头过河"的成功经验，但在这个流动的时代，中国的规划师还需在为"人"还是为"地"的争论中找到自己的基点。最后，中国规划理论的发展因社会对规划工作期望和需求的多元与变化，受到挑战。虽然全球规划理论家之间的活跃互动促进了世界范围规划思想的兼收并蓄，但世界上并不存在一种规划理论能包含人们所有的规划价值目标或提供一个普遍统一的发展模式。中国的规划研究人员如果不能跳出这种理论的范式，盲目地寻求"综合式""统一式"的规划理论，对解决现实问题并无裨益。

（3）为解决当前空间规划协调研究的困境，首先应将环境规划引入空间规划体系，并给予明确的功能定位。并建议修订《环境保护法》，制定《环境规划法》，以明确城市环境保护总体规划的法律地位、规划编制与报批制度以及规划的衔接制度，规定"国家环境保护重点城市的人民政府，应组织编制城市环境保护总体规划；城乡总体规划、土地利用总体规划等的制定和实施，应与环境保护总体规划相衔接，并确定环境优先的基本原则"。即在空间规划体系中，主体功能区划定政策；土地利用规划控数量；环境规划保质量；城乡规划做协调。可以说，这样的体系结构划分也符合科学发展观全面协调可持续的基本要求（见图6.2）。

其次，应明确不同层级所需的相应的规划协调方式，即高层级的规划应考虑综合性与战略性特征，更强调全面性与平衡性；低层级的规划应注重目标性与实效性，努力打破部门障碍，形成多规融合、整合划一式的结构。总体上，各规划协调统一，并行不悖，从上至下，逐步明确（见图6.6）。

（4）规划转型是规划事业不断走向成熟和秩序的内在要求。目前绝大多数有关规划协调的研究并未与规划转型建立足够的联系，即并未充分认识到规划转型对规划协调的影响和作用。一方面，规划协调未能把握规划转型的动态过程；另一方面，规划协调目标与规划转型的方向相分离。研究认为：①应当把规划协调纳入到规划转型的趋势背景之下，用发展的眼光看待协调的问题。否则协调举措也难免陷入滞后失效等不切时宜的困境。②有效的规划协调目标应该与规划转型的方向相吻合（或尽可能保持同轨），从而使规划协调与规划转型的过程路径相契合，在规划转型的过程中实现规划协调（见图5.1）。

（5）盲目追求"多规合一"的协调路径，并不能使众多规划内容重叠、多头管理等问题得到实质性解决，反而将矛盾内部化，把空间规划的协调工作带入误区。从而让各规划失去了自我，也迷失了方向（见图5.2）。在尚未建立高效的部门权益协调机制的情况下，不应急于打破现有部门分治的空间管理体系。加之体制、法律、规范等所限，"多规合一"只能是规划协调的理想目标，在现阶段并不具有实际可操作性。所以，不能将其作为解决规划矛盾的唯一途径。

（6）在当前多规并行的空间规划管理体制制度下，任何企图以单一部门、单一规划来掌控全局、涵盖所有内容的"多规合一"做法都不切实际，也难以奏效。因此，现阶段我国的空间规划协调应摒弃向"多规合一"的一步式迈进，可采取以"多规合一"与"多规协作"并重为目标、以统筹兼顾为方法，走一条分层次、讲重点、重合作的渐进式动态协调之路。构建分工明确、协作统一的空间规划体系框架，实现"多规协调"才是解决当前规划矛盾的有效途径。

（7）空间规划作为一项政府行为，空间规划管理作为政府架构的重要组成部分，空间规划在政府管理体制制度下的实施运作，以及目前体制制度转型的基本事实，可以也应当成为空间规划协调研究的基本出发点。所以，除去规划自身转型的内部协调外，还需从政府管理体制制度变革的视角探寻空间规划协调的外在途径。

（8）政府管理制度与空间规划协调具有紧密的关联度。空间规划协调作为规划管理制度建设的一项内容，其实质是政府管理制度的组成部分。由于空间规划体系的构成与职能作用范畴都是由政府管理体制制度决定和规范的。规划的编制、实施与运作也都是在政府管理体制架构的基础上才得以展开的。因此，政府管理体制制度所存在的问题也将直接影响到空间规划作用的发挥。而政府管理的具体方式和组织架构的改革、转变与调整也将在一定程度上影响空间规划的发展走向。所以，将空间规划协调与政府管理制度变革联系起来进行探讨研究，既符合规划发展内在要求也应和了政府转型的外在趋势。

（9）现行政府规划管理中所存在的问题主要表现在：①中央对地方政府的规划建设行为缺乏有效的调控手段。②规划管理体制不顺、矛盾重重。③城乡二元分治不利于统筹协调。④规划行政法制建设缓慢，体系尚不健全。而随着市场经济体制改革和社会经济发展转型的不断深化与推进，努力建设服务型政府，提高依法行政能力，将成为政府管理制度改革的总体方向（见图5.5）。但针对解决规划协调问题来说，致力于解决职能交叉、政出多门等协调问题的规划管理制度改革探索还存有局限，表现在：①注重各规划部门间的协作，而忽视了对解决矛盾冲突途径的思考。②注重机构、组织的建设，寄希望于通过行政手段来简单的解决问题，而不是更深层次的体制制度变革，尤其在协调的法律制度建设方面关注甚微。③过于注重部门间的内部协调，尚未形成解决冲突矛盾的外部核心机构，也缺乏统一、完整的协调裁定法律依据。

（10）在现有实践经验基础之上，应突破局限，建立一个新的面向统筹规划、实现多规协调管理的制度框架，以此推动规划工作的进一步改革与创新。首先，应当承认多部门并行的规划管理模式本身并不存在"问题"。因为专业的划分往往使管理更加高效，但必须以良好的分工协作为前提，并从法律的高度明确各部门的职能和权责等问题。其次，由于我国的改革进程受到了具体国情的限制，而更倾向于选择一条稳妥、谨慎、渐进的改革道路。因此，现有的国家管理体制框架不宜立即完全打破，规划管理制度改革的步伐也需循序渐进。最后，部门机构的改革往往采取改组、合并、调整政府机构的方式进行，但机构的精简、部门的合并，权力的下放都只是手段，而不是目的，衡量规划管理制度改革的标准只有一个，即使规划成为公众参与决策的有效途径，以维护社会、环境的整体和长远利益。

（11）空间规划的协调应作为整合构建国家、区域、地方不同层面公共政策体系的重要内容。因此，可将空间规划协调制度框架的建立，理解为在公共领域内主体之间交往和沟通的过程，并通过这一过程，产生更具动力的相互学习。而作为公共权力行使范畴的空间规划协调制度建设，一方面需要有法律的授权并符合法定的程序，另一方面又必须受到法律的约束以及公众、媒体的参与和监督，从而保证协调工作的权威性、公正性、规范性和有效性。

（12）为保证规划协调工作更加规范和系统地开展实施，应建立完备的空间规划协调运作与评估框架，以寻求具体的操作方法和逻辑程序，从而完成对规划协调性的总体判断，并给出解决路径。当然，规划协调综合实施方案并非一版新的规划，它仅作为解决规划冲突的一种方法和手段。

（13）空间规划作为政府的一种行政行为，由于受到社会、政治和经济等内在与外在因素的多重影响，要真正实现规划协调，不仅需要规划自身的转变，还需要其所处"环境"的变革。总体来看，似乎前者的成功转变更依赖于后者的有效变革，但规划的协调问题并没有就此解决，更加需要关注的是这两方面变革之间的相互适度性。因此，有必要建立规划协调的评估框架，从务实客观的角度出发，综合、动态的判断空间规划协调的现实可行性和协调效果，为技术方法更新和政策举措调整提供可靠依据，真正实现协调有度（见图2.7）。

（14）空间规划的核心在于空间管治。空间规划协调的实施，也应以空间管治的协调为基点。不同类型的空间管治分区既有相似性也有差异性，而实施空间规划协调的基本落脚点就在于对各类空间管治进行"求同存异"式的协同重构，强调空间管治范围的一致性，空间管治功能的协同性以及空间管治指标的协调性。

（15）空间规划协调的本质是一种不断演进的制度创新过程，是基于某一时间断面的制度安排。不同国家和地区因政治、经济、历史、文化、地理、社会制度、价值取向等方面的差异也应寻求建立不同的空间规划协调框架，但必须因势利导、与时俱进。首先，空间规划协调框架应与其所在社会的总体环境相适应，并建立在对社会、历史、制度背景充分认识的基础之上。其次，由于空间规划体系并不存在长久不变的固定模式，而只能是不断"与时俱进"的范式的集合，因此，空间规划协调问题的解决不能一蹴而就，也并非一劳永逸。最后，空间规划协调必须立足空间，面向实践，在往复的应用与反馈过程中实现协调。

9.2　研究的主要创新点

本研究开创性的选取"空间规划协调"作为中心议题进行全视野的研究，将现有的主体功能区规划、城乡规划、土地利用规划、环境规划纳入到统一的空间规划框架中来探讨其协调问题，既是对传统"多规合一"研究的综合与拓展，更是由"多规合一"工作向"空间规划体系重构"的探索。综合来看，本研究的创新之处主要体现在以下三个方面：

（1）研究尝试构建了一个新的空间规划协调体系框架。认为建立一个完整统一、层次分明、协调有序的空间规划体系是实现空间规划协调的基础，而目前多部门协作并行、共同参与的空间规划管理模式本身并不一定就是"问题"，因为经过精细职能分工与责权划分的规划管理更加高效全面，但必须以统一的目标为前提，以相互促进、平稳制衡的逻辑关系为支撑，以良好的部门协作为基础。进而通过对我国空间规划管治体系发展历程的梳理（见表3.1），从城市总体层面入手，提出了环境保护总体规划的概念，明确了环境规划本身所具有的空间属性和以环境保护总体规划为契机的空间规划体系重构，并尝试建立了由主体功能区规划—城乡总体规划—土地利用总体规划—环境保护总体规划所共同构成的空间规划体系，进一步指出了实现空间规划协调的基本框架（图6.1），空间规划协调的逻辑结构（图6.3），并从目标方向、功能作用、基本内容、工作程序、技术方法、数据指标6个方面，探讨了转型视角下空间规划协调的动力机制（图6.4）与基本原则。

（2）研究尝试构建了一个新的空间规划协调制度框架。分别从规划转型和政府管理制度变革双重视角，透视指出空间规划协调的内在机制与外在途径，认为，一方面，空间规划协调应与规划转型的路径相契合，即在规划转型的过程中实现规划协调；另一方面，空间规划协调必须充分考虑政府管理制度变革对其的影响和作用，即在制度变革的进程中实现规划协调。进而提出了空间规划协调的制度创新框架（图6.5），并从体制改革、机制构建、法制建设三个角度指出了规划协调制度建设的创新途径、基本原则和保障机制（图6.7）。

（3）研究尝试建立了具体的空间规划协调运行与评估框架。以冲突协调理论为理论基础、以德尔菲法为技术方法，通过对规划（内部与外部）协调性的分析，以及对规划协调状态的判断，实现了对解决规划冲突问题的具体程序设计（图6.8），并以大连市为例，对上述研究进行应用验证与反思。认为不同类型空间管治分区既有相似性也有差异性，而实施空间规划协调的基本落脚点就在于对各类空间管治进行"求同存异"式的协同重构，强调空间管治范围的一致性，空间管治功能的协同性以及空间管治指标的协调性。在此基础之上首次提出协调度的概念（图6.10），将实现规划协调过程所需的规划自身更新与体制制度变革两大部分联系起来，突破以往"就规划论规划"或"就制度论规划"的窠臼。此外，还结合当下正在开展的部门机构改革，对国土空间规划所带来的新的制度重构、体系重构进行了分析。

9.3 研究的主要局限

本研究的主要局限与不足体现在以下几个方面：

（1）对相关文献的综述不免疏漏，对当前研究的局限及其应对的分析也较为粗略，有待进一步完善。

（2）对其他国家空间规划协调的研究与借鉴还不够充分，当然其中不免体制制度等差异而造成的不可复制性。

（3）对主要影响规划协调的因素（规划转型与政府管理制度变革）提取和分析略显简单，不够深入全面，仍需完善。

（4）具体的规划协调操作举措还需完善，尤其是更多路径和方法的选择。规划协调性分析指标选取和权重设定还有待进一步商榷，规范性和科学性还需加强。

（5）规划协调度评估框架还很粗糙，尚需完善。尤其是其主观成分过重，隐性关系难辨，数值分析偏弱等问题的存在，其应用也很难免受到局限，这也是笔者今后所要研究的内容之一。

9.4 重识本源 展望出路

社会发展是社会以一定的活动方式来满足人的社会需要而获得进步的过程总和。马克思认为，随着科学技术进步与生产力发展，人的社会活动有一个由生存、享受到发展的上升过程，也是由人的解放到人的全面发展的上升过程。作为开放复杂巨系统的城市，它的发展涉及经济、政治、人口、法律、环境等多方领域，可以说，城市的发展演变历程是社会发展与科学技术进步的重要内容和表现（表9.1）。而随着科学的发展、技术的进步和经济的增长，人口城市化与工业化同步发展，粗放型城市向集约型城市转变，全球城市与大都市区的出现，城市问题也越趋复杂。任何一个以城市为研究对象的学科都不再是独立发展，多学科的交叉已成为整体趋势。

城市化与城市发展的历史演变   表 9.1

技术社会形态	农牧化社会	工业化社会	信息化社会	生态化社会
经济与城市发展态势	经济农业化 城市封闭化 社会割据化	经济工业化 城市开放化 社会服务化	经济全球化 城市国际化 社会信息化	经济生态化 城市网络化 社会知识化
城市化	初级城市化	粗放城市化	集约城市化	网络城市化
城市形态	分散型城市	带状城市群	组团城市带	网状城市体系
城乡关系	城市农村化	农村城市化	城市郊区化	城乡融合化
城市类型	消费城市	生产城市	信息城市	生态城市
城市污染	轻微生活污染	严重工业污染	环境污染减弱	消除环境污染
文明形态	农业文明	工业文明	信息文明	生态文明
城市与文明 城市与自然	趋向矛盾	严重对立	缓和对立	和谐统一

因此，空间规划体系作为一种多元价值主体支撑之下的管治手段的集合[199]，也面临着不断更新、演进与重构的发展要求。但无论是基于现状的"衔接"、源于现状的"整合"，还是突破现状的"重组与重构"，空间规划的协调问题都将伴随空间规划体系建设的全部过程。

笔者认为，空间规划协调的本质是一种不断演进的制度创新过程，是基于某一时间断面的制度安排。不同国家和地区因政治、经济、历史、文化、地理、社会制度、价值取向等方面的差异也应寻求建立不同的空间规划协调框架，但必须因势利导、与时俱进。

首先，空间规划协调框架应与其所在社会的总体环境相适应，并建立在对社会、历史、制度背景充分认识的基础之上。因为，一方面，空间规划体系并无统一的格式模板，也没有孰优孰劣之分，而只存在是否恰如时宜的理解；另一方面，空间规划协调框架的实施也离不开对行政体系、运作体系、法律体系的依托。所以，我国空间规划协调制度的建设，应正视自己所处的规划文化背景，与现有制度相协调，在体制与发展阶段都不相吻合的情况下，盲目照搬西方的模式概念，只能是"旧伤未愈，又添新痛"。

其次，由于空间规划体系并不存在长久不变的固定模式，而只能是不断"与时俱进"的范式的集合[199]，因此，空间规划协调问题的解决不能一蹴而就，也并非一劳永逸。需要把握空间规划体系建设的动态过程，在对目标—空间的理解过程中（见图9.1）寻找方向，做到循序渐进、与时俱进。

最后，空间规划协调必须立足空间，面向实践，在往复的应用与反馈过程中实现协调。因为，实践是规划存在和发展的根本所在。从规划的实践角度讲，规划的过程只有在实践的过程中发挥了作用，在社会发展的历程中实现了社会所赋予的职责，那么规划无论作为一门科学学科还是作为一项社会实践才具有存在的合法地位，才能够继续得到发展[167]。规划实践不仅包括规划编制和实施管理这样的"做"的实践活动，也包括了立足于价值的、对编制——实施过程中主体行为进行"反思"的理论实践活动[168]。

总之，当今科学发展的基本特征就是多极延伸、交叉渗透和综合集群。规划需要利用这种趋势条件，创造更多具有规划性质的理论思想，通过综合的实践，应对越发复杂的城市问题，进而发展学科本身。这就要求我们对规划学科有一个正确的审视。规划是自然科学、社会科学和美学的三结合，是科学的艺术，也是艺术的科学，有着学科本身的"真善美"。它与参与规划实践的人（规划师等）一同构筑起规划学科的"三个王国"。规划科学求真，也关心人、追求美，这是真与善和美的统一；规划人求善，也寻真理、求完美，这是善与真和美的统一；规划艺术求美，也讲真理、陶冶人，这是美与真和善的统一。

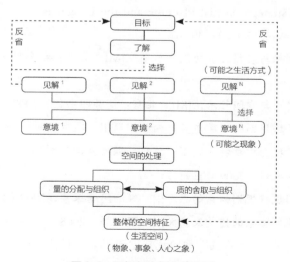

图9.1　目标与空间的关系图

参考文献

1. 杨伟民. 发展规划的理论和实践[M]. 北京: 清华大学出版社, 2010.

2. 张京祥, 陈浩. 中国的"压缩"城市化环境与规划应对[J]. 城市规划学, 2010 (6): 10-21.

3. 仇保兴. 我国城镇化中后期的若干挑战与机遇——城市规划变革的新动向[J]. 城市规划2010 (01): 15-23.

4. 张京祥. 论中国城市规划制度环境及其创新[J]. 城市规划, 2001 (09): 21-25.

5. 陈锋. 转型时期的城市规划与城市规划的转型[J]. 城市规划, 2004 (8): 9-19.

6. 雷诚. "法律界限"视角下城乡规划公共政策法制化探讨——基于规划基本法演进的启示[J]. 城市规划, 2010 (05): 27-32.

7. 武廷海. 新时期中国区域空间规划体系展望[J]. 城市规划, 2007 (07): 39-46.

8. 邹军, 朱杰. 经济转型和新型城市化背景下的城市规划应对[J], 城市规划, 2011 (02): 09-10.

9. 钱慧, 罗震东. 欧盟"空间规划"的兴起、理念及启示[J], 国际城市规划, 2010 (03), 66-71.

10. Healey. P, Khakee. A, Motte. A, ets (eds). Making Strategic SpatialPlans[M]. London: UCL Press Limited, 1997.

11. Friedmann. J. Strategic Spatial Planning and the Longer Range[J]. Planning Theory & Practice, 2004, Vol. 5 (1): 49-67.

12. 熊德平. 农村金融与农村经济协调发展研究[M]. 北京: 社会科学文献出版社, 2009: 81-86.

13. 方创琳. 区域规划与空间管治论[M]. 北京: 商务印书馆, 2007: 212.

14. 胡序威. 我国区域规划的发展态势与面临问题[J]. 城市规划, 2002 (02): 23-26.

15. 多米尼克·斯特德, 文森特·纳丁, 许玫. 欧洲空间规划体系和福利制度: 以荷兰为例[J]. 国际城市规划, 2009 (02): 71-77.

16. 徐东. 关于中国现行规划体系的思考[J]. 经济问题探索, 2008 (10): 181-185.

17. 李阎魁. 人本规划体系的建构及意义[J]. 规划师, 2008 (09): 99-103.

18. 樊杰, 孙威, 陈东. "十一五"期间地域空间规划的科技创新及对"十二五"规划的政策建议[J]. 中国科学院院刊, 2009 (06): 601-609.

19. 王金岩，吴殿廷，常旭. 我国空间规划体系的时代困与模式重构[J]. 城市问题，2008（04）：62-68.

20. 张可云，赵秋喜，王舒勃. 关于我国未来规划体系改进问题的思考[J]. 山西高等学校社会科学学报，2004（03）：15-18.

21. 闫小培. 建立全国统一的综合性空间规划体系——深圳特区报[EB/OL]. 2008-03-03. http://sztqb.sznews.com/html/2008-03/03/content_81073.htm.

22. 曹清华. 构建科学的空间规划体系[J]. 国土资源，2008（07）：30-32.

23. 王凯. 国家空间规划体系的建立[J]. 城市规划学刊，2006（01）：6-10.

24. 吴延辉. 中国当代空间规划体系形成、矛盾与改革[D]. 杭州：浙江大学硕士学位论文，2006.

25. 武廷海. 新时期中国区域空间规划体系展望[J]. 城市规划，2007（07）：39-46.

26. 张伟，刘毅，刘洋. 国外空间规划研究与实践的新动向及对我国的启示[J]. 地理科学进展，2005（03）：79-90.

27. 宁越敏. 国外大都市区规划体系评述[J]. 世界地理研究，2003（03）：36-43.

28. 耿海清. 我国的空间规划体系及其对开展规划环评的启示[J]. 华中师范大学学报（自然科学版），2008（03）：477-480.

29. 孙施文. 现行政府管理体制对城市规划作用的影响[J]. 城市规划学刊，2007（05）：32-39.

30. 胡序威. 着力健全规划协调机制[J]. 城市规划，2011（01）：14-15.

31. 尹强. 冲突与协调——基于政府事权的城市总体规划体制改革思路[J]. 城市规划，2004（10）：58-61.

32. 高中岗. 论我国城市规划行政管理制度的创新[J]. 城市规划，2007（08）：45-51.

33. 周建军. 转型期中国城市规划管理职能研究[D]. 上海：同济大学博士学位论文，2008.

34. 董金柱. 国外协作式规划的理论研究与规划实践[J]. 国外城市规划，2004（02）：48-52.

35. 梁鹤年. 可读必不用之书（三）——顺谈"法"与"字"[J]. 城市规划，2001（12）：64-71.

36. 王勇. 论"两规"冲突的体制根源——兼论地方政府"圈地"的内在逻辑[J]. 城市规划，2009（10）：53-59.

37. 王国恩，唐勇等. 关于"两规"衔接技术措施的若干探讨——以广州市为例[J]. 城市规划学刊，2009（05）：20-27.

38. 林刚. 城市快速扩张背景下的规划协调机制研究——以浙江省富阳市为例[D]. 上海：

上海交通大学公共管理硕士（MPA），2006.

39. 罗震东，张京祥. 英国大都市战略规划指引机制及其对中国的启示[J]. 国外城市规划，2001（06）：29-31.

40. 杨伟民. 规划体制改革的主要任务及方向[J]. 中国经贸导刊，2004（20）：8-12.

41. 李远. 联邦德国区域规划的协调机制[J]. 城市问题，2008（03）：92-96.

42. 谢诚. 城市规划管理体制与管理职能的转型研究[D]. 重庆：庆大学工商管理硕士，2004.

43. 仇保兴. 中国城市化进程中的城市规划变革[M]上海：同济大学出版社，2005.

44. 丁成日. "经规"、"土规"、"城规" 规划整合的理论与方法[J]规划师，2009（03）：53-58.

45. 北京："五规合一" 建设世界城[EB/OL]. 2010-03-22. http://www.jinan125.cn/E_ReadNews.asp?NewsID=4091.

46. 余军，易峥. 综合性空间规划编制探索——以重庆市城乡规划编制改革试点为例[J]. 规划师，2009（10）：90-93.

47. 周岚，何流. 中国城市规划的挑战和改革——探索国家规划体系下的地方特色之路[J]. 城市规划，2005（03）：9-14.

48. 张弨，陈烈，慈福义. 国外空间规划特点及其对我国的借鉴[J]. 世界地理研究，2006（01）：56-62.

49. EC，The EU Compendium of Spatial Planning Systems and Policies[R]，France，1999.

50. 陈晓丽. 社会主义市场经济条件下城市规划工作框架研究[M]，北京：中国建筑工业出版社，2007：130.

51. 俞孔坚，李迪华，韩西丽. 论 "反规划"[J]，城市规划，2005（09）：64-69.

52. 顾朝林，张晓明等. 盐城开发空间区划及其思考[J]. 地理学报，2007（08）：787-798.

53. 孙施文. 城市规划不能承受之重——城市规划的价值观之辨[J]. 城市规划学刊，2006（01）：11-17.

54. 张庭伟. 转型时期中国的规划理论和规划改革[J]. 城市规划，2008，（3）：15-24.

55. 梁鹤年. 简明土地利用规划[M]. 北京：地质出版，2003：188.

56. 张庭伟，Richard LeGates. 后新自由主义时代中国规划理论的范式转变[J]. 城市规划学刊，2009，（5）：1-13.

57. 仇保兴. 中国城市化进程中的城市规划变革[M]. 上海：同济大学出版社，2005：269.

58. 韩增林，刘天宝. 城市规划转型的整体性和系统性城市问题，2009（04）：12-17.

59. 中华人民共和国国家发展和改革委员会[EB/OL]. http://www.sdpc.gov.cn/.

60. 中华人民共和国国民经济和社会发展第十一个五年规划纲[EB/OL]. http://news.xin-huanet.com/misc/2006-03/16/content_4309517.htm 2006-3-16.

61. 杜黎明. 主体功能区区划与建设——区域协调发展的新视野[M]. 重庆大学出版社, 2007.

62. 大连市人民政府办公厅关于开展《大连市主体功能区规划》编制工作的通知[EB/OL]. http://my.dl.gov.cn/info22.jsp?di_id=56970&url_id=19.

63. 中华人民共和国住房和城乡建设部[EB/OL]. http://www.cin.gov.cn/.

64. 蔡玉梅, 张文新, 赵言文.中国土地利用规划进展述评[J]. 国土资源, 2007 (05): 14-17.

65. 尚金城等. 环境规划[M]. 北京: 高等教育出版社, 2008.

66. 马晓明. 环境规划理论与方法[M]. 北京: 化学工业出版社, 2004.

67. 曹清华. 构建科学的空间规划体系[J]. 国土资源, 2008 (07): 30-32.

68. 黄鹭新等. 中国城市规划三十年 (1978—2008) 纵览[J]. 国际城市规划, 2009 (01): 1-8.

69. 董伟, 张勇, 等. 我国环境保护规划的分析与展望[J]. 环境科学研究, 2010 (06): 782-788.

70. 丁成日. "经规"、"土规"、"城规" 规划整合的理论与方法[J]. 规划师. 2009 (3): 53-58.

71. 夏珺. 今年用地需求超计划近千万亩[EB/OL]. 人民网2011年04月18日, http://finance.people.com.cn/GB/14409566.html.

72. 魏广君. 当前中国城市规划的困境及思考——一个逻辑分析的框架[J]. 规划师, 2011 (08): 82-87.

73. 宗仁. 中国土地利用规划体系结构研究[D]. 南京: 南京农业大学博士论文, 2004.

74. 傅立德, 城乡规划配套立法的建议[J]. 规划师, 2008 (03): 50-53.

75. 石楠, 刘剑. 建立基于要素与程序控制的规划技术标准体系[J]. 城市规划学刊, 2009 (02): 1-9.

76. 夏凌. 环境法的法典化——中国环境立法模式的路径选择[D]. 上海: 华东政法大学博士论文, 2007.

77. 中华人民共和国环境保护部[EB/OL]. http://www.zhb.gov.cn/.

78. 中华人民共和国住房和城乡建设部[EB/OL]. http://www.cin.gov.cn/.

79. 姚凯. "资源紧约束"条件下两规的有序衔接——基于上海"两规合一"工作的探索和实践[J]. 城市规划学刊, 2010 (3): 26-31.

80. 郭耀武，胡华颖. 三规合一?还是应三规和谐——对发展规划、城乡规划、土地规划的制度思考[J]. 广东经济，2010（1）：33-38.

81. 吴延辉. 中国当代空间规划体系形成、矛盾与改革[D]. 杭州：浙江大学硕士学位论文，2006：（30）.

82. 杨树佳，郑新奇. 现阶段"两规"的矛盾分析、协调对策与实证研究[J]. 城市规划学刊，2005（5）：62-66.

83. 张京祥，罗震东，何建颐. 体制转型与中国城市空间重构[M]. 南京：东南大学出版社，2007.

84. Keith Dowding. Explaining Urban Regimes[J]. International Journal of Urban and Regional Research，2001，25（1）：7-19.

85. Gibbs D；Jonas A. E. G. Governance and regulation in local environmental policy: the utility of a regime approach[J]. Geoforum，2000，31（3）：299-313.

86. 伍装. 中国经济转型分析导论[M]，上海：上海财经大学出版，2005.

87. 魏立华，闫小培. 有关"社会主义转型国家"城市社会空间的研究述评[J]. 人文地理，2006，（04）：7-12.

88. 仇保兴. 转型期的城市规划变革纲要[J]. 规划师，2006，（3）：5-14.

89. 姚秀利，王红扬. 转型时期中国城市规划所处的困境与出路[J]. 城市规划学刊，2006，（01）：80-86.

90. 杨保军，闵希莹. 新版《城市规划编制办法》解析[J]. 城市规划学刊，2006，（04）：1-7.

91. 吴缚龙，马润潮，张京祥等. 转型与重构中国城市发展多维透视[M]. 南京：东南大学出版社，2007.

92. 孙施文. 中国城市规划的理性思维的困境[J]. 城市规划学刊，2007（02）：1-8.

93. 曹康，王晖. 从工具理性到交往理性——现代城市规划思想内核与理论的变迁[J]. 城市规划，2009，（9）：44-51.

94. 王凯. 从西方规划理论看中国规划理论建设之不足[J]. 城市规划，2003，（6）：66-71.

95. 张庭伟. 21世纪的城市规划：从美国看中国[J]. 规划师，1998，（4）：24-27.

96. Wei Y H D. Decentralization，Marketization，and Globalization：The Triple Processes Underlying Regional Development in China[J]. Asian Geographer，2001，20（1-2）：7-23.

97. Wu F. China's changing urban governance in the transition towards a more market-oriented economy[J]. Urban Studies，2002，39（7）：1071-1093.

98. 段宁，黄握瑜. 城乡总体规划编制的理念转变与内容创新——基于"两型社会"背景下城乡总体规划编制的创新思路[J]. 城市规划，2011（04）：36-40.

99. Stephen Connelly, Tim Richardson. Value-driven SEA: time for an environmental justice perspective? [J]. Environmental Impact Assessment Review, 2005, 25（4）：391-409.

100. 石楠. 试论城市规划社会功能的影响因素——兼析城市规划的社会地位[J]. 城市规划，2005（8）：7-17.

101. 赵民，雷诚. 城市规划的公共政策导向与依法行政[J]. 城市规划，2007（06）：21-27.

102. 牛慧恩. 国土规划、区域规划、城市规划——论三者关系及协调发展[J]. 城市规划，2004（11）：42-46.

103. 史育龙. 主体功能区规划与城乡规划、土地利用总体规划相互关系研究[J]. 宏观经济研究，2008（08）：35-47.

104. 唐凯，王凯. 资源短缺条件下的规划创新[J]. 城市规划，2007（11）52-56.（杨保军发言部分）

105. 罗震东. 中国都市化区发展：从分权化到多中心治理[M]. 北京：中国建筑工业出版社，2007：12-16.

106. 韩青. 空间规划协调理论研究综述[J]. 城市问题，2010（04）：28-30.

107. 杨保军，于涛，王富海，等. "规划浪费"谁之过[J]. 城市规划，2011（01）：60-67.

108. 许坚，祈帆，蔡玉梅. "城乡统筹与'两规'协调"——中国土地学会、中国城市规划学会高层论坛综述[J]. 中国土地科学，2008（07）：78-81.

109. 蔡云楠. 新时期城市四种主要规划协调统筹的思考与探索[J]. 规划师，2009（01）：22-25.

110. Peter Hall. Cities of Tomorrow: An Intellectual History of Urban Planning and Design in the Twentieth Century[M]. Wiley-Blackwell, 3 edition（July, 2002）.

111. TangTao, ZhuTan, XuHe. Integrating environment into land-use planning through strategic environmental assessment in China: Towards legal frameworks and operational procedures[J]. Environmental Impact Assessment Review, 27（2007）：243-265.

112. 鲍世行，顾孟潮. 钱学森建筑科学思想探微[M]. 北京：中国建筑工业出版社，2008.

113. 保罗. 拉卡兹. 城市规划方法[M]. 北京：商务印书馆，1996.

114. 仇保兴. 中国城市化进程中的城市规划变革[M]. 上海：同济大学出版社，2005：123.

115. 仇保兴. 生态城改造分级关键技术[J]. 城市规划学科，2010（03）：1-13.

116. Wu F. Changes in the structure of public housing provision in urban China[J]. Urban Studies, 1996, 33（9）: 1601-1627.

117. Ma L J C. Urban transformation in China, 1949-2000：A review and research agenda[J]. Environment and Planning A, 2002, 34: 1545-1569.

118. Ma L J C, Wu F. Restructuring the Chinese City: Changing Society, Economy and Space[M]. London, UK: Routledge, 2005.

119. 王阳. 转型时期地方政府定位[M]. 北京：人民出版社，2005.

120. 张庭伟. 从美国城市规划的变革看中国城市规划的改革[J]. 城市规划汇刊，1996（03）：1-7.

121. 张庭伟. 中美城市建设和规划比较研究[M]. 北京：中国建筑工业出版社，2007，P196.

122. 刘新卫. 基于政府职能转变视角的国土规划[J]. 国土资源情报，2008（01）：8-12.

123. Wu F L. China's recent urban development in the process of land and housing marketisation and economic globalization[J]. Habitat International, 2001 25（3）: 273-289.

124. 李侃桢. 城市规划编制与实施管理整合研究[M]. 北京：中国建筑工业出版社，2008.

125. 杨培峰. 我国城市规划的生态实效缺失及对策分析——从"统筹人和自然"看城市规划生态化革新[J]. 城市规划，2010（03）：62-66.

126. 金国坤. 行政权限冲突解决机制研究：部门协调的法制化路径探寻[M]. 北京：北京大学出版社，2010.

127. 罗德·黑格，马丁·哈罗普著，张小劲等译. 比较政府与政治导读[M]. 北京：中国人民大学出版社，2007：383.

128. 宋世明. 试论从"部门行政"向"公共行政"的转型[J]. 上海行政学院学报，2002（04）：37-46.

129. 李琪. 中国特大城市政府管理体制创新与职能转变[M]. 上海：上海人民出版社，2010：55.

130. （美）福山，著. 黄胜强，许铭原，译. 国家构建：21世纪的国家治理与世界秩序[M]. 北京：中国社会科学出版社，2004.

131. 董海军. 转轨与国家制度能力：一种博弈论的分析[M]. 上海：上海人民出版社，2007.

132. 雷翔. 走向制度化的城市规划决策[M]. 北京：中国建筑工业出版社，2003.

133. Fan C C. The vertical and horizontal expansions of China's city system[J]. Urban Geography，1999，20（6）：493-515.

134. Gu C，Shen J，Wong K Y，Zhen F. Regional polarization under the socialist-market system since 1978——a case study of Guangdong province in south China[J]. Environment and Planning A，2001，33（1），97-119.

135. Wei Y H D. Beyond the Sunan Model：Trajectory and Underlying Factors of Development in Kunshan，China[J]. Environment and Planning A，2002，34（10）：1725-1747.

136. Wu F. China's changing urban governance in the transition towards a more market-oriented economy[J]. Urban Studies，2002，39（7）：1071-1093.

137. 珠三角地区制定发展规划. 人民网[EB/OL]. 2005-10-12. http：//unn. people. com. cn/GB/14766/3761556. html.

138. 何流. 直面问题 回归本源[J]. 城市规划，2011（S1）：141-147.

139. 汪劲柏，赵民. 论建构统一的国土及城乡空间管理框架——基于对主体功能区划、生态功能区划、空间管制区划的辨析[J]. 城市规划，2008（12）：40-48.

140. 顾朝林. 发展中国家城市管治研究及其对我国的启发[J]. 城市规划，2001（09）：13-20.

141. 刘全波，刘晓明. 深圳城市规划"一张图"的探索与实践[J]. 城市规划，2011（06）：50-54.

142. 武汉市国土资源和规划局[EB/OL]. 2009-11-23. http：//www. wpl. gov. cn/zwgk-jgsz.

143. 胡海龙，王波. 县（市）级城乡规划的改革创新与体系构建——以浙江省富阳市规划实践为例[J]. 城市规划，2011（04）：21-25.

144. 赵理文. 制度、体制、机制的区分及其对改革开放的方法论意义[J]. 中共中央党校学报，2009（05）：17-21.

145. 孔伟艳. 制度、体制、机制辨析[J]. 重庆社会科学，2010（02）：96-98.

146. King，P，Annandale，D. and Bailey，J. Integrated economic and environmental planning in Asia：a review of progress and proposals for policy reform[J]. Progress in Planning，2003，59（4）：233-315.

147. 张伟，刘毅，刘洋. 国外空间规划研究与实践的新动向及对我国的启示[J]. 地理科学进展，2005（03）：79-90.

148. 张庭伟，Richard LeGates. 后新自由主义时代中国规划理论的范式转变[J]. 城市规划学刊，2009，（5）：1-13.

149. 张庭伟. 21世纪的城市规划：从美国看中国[J]. 规划师，1998，（4）：24-27.

150. FAO-UNEP. The Future of Our Land：Facing the Challenge. Guidelines for Integrated Planning for Sustainable Management of Land Resources[M]. Rome，1999.

151. 琼·希利尔著，曹康译. 导言[J]. 国际城市规划，2010（05）：1-7.

152. Vigar, G., Healey, P., Hull, A. and Davoudi, S. Planning, governance and spatial strategy in Britain：an institutional analysis[M]. Macmillan Press LTD，2000.

153. David E. Booher & Judith E. Innes. Complexity and Adaptive Policy Systems：CALFED as an Emergent Form of Governance for Sustainable Management of Contested Resources[J]. Proceedings from the 50th Annual Meeting of the International Society for the Systems Science（ISSS），July，2006.

154. 约翰·克莱顿·托马斯著，孙柏瑛译. 公共决策中的公民参与：公共管理者的新技能与新策略[M]. 北京：中国人民大学出版社，2005.

155. 黑格里格尔等. 组织行为学（上）[M]. 北京：中国社会科学出版社，2001：580.

156. 刘淑妍. 公众参与导向的城市治理：利益相关者分析视角[M]. 上海：同济大学出版社，2010，P142.

157. 杨凯源. 城市管理、城市管治与城市经营的比较[J]. 经济师，2002（05）：59-61.

158. 仇保兴. 城市经营、管治和城市规划的变革[J]. 城市规划，2004（02）：8-22.

159. 韩青，顾朝林，袁晓辉. 城市总体规划与主体功能区规划管制空间研究[J]. 城市规划，2011（10）：44-50.

160. 谭纵波. 城市规划[M]. 北京：清华大学出版社，2005.

161. 张玉娴，黄剑. 关于我国空间管制规划体系的若干分析和讨论[J]. 现代城市研究，2009（1）：27-34.

162. 建设部课题组. 完善规划指标体系研究[M]. 北京：中国建筑工业出版社，2007：5-49.

163. 蔡玉梅. . 中国第一轮土地利用规划概述[EB/OL]. 2006-09-21. http://blog.sina.com.cn/s/blog_4a6d4003010005cx.html.

164. 刘则渊. 现代科学技术与发展导论[M]. 大连：大连理工大出版社. 2003. 174.

165. 黄凤祝. 城市与社会[M]. 上海：同济大学出版社，2009.

166. 鲍世行，顾孟潮. 钱学森建筑科学思想探微[M]. 北京：中国建筑工业出版社

2008．549．

167. 孙施文．现代城市规划理论[M]．北京：中国建筑工业出版社，2007：5-96．

168. 张兵．城市规划学科的规范化问题——就《城市规划的实践与实效》所思[J]．城市规划，2004（10）：81-84．

169. 谢敏．德国空间规划体系概述及其对我国国土规划的借鉴[J]．国土资源情报，2009（11）：22-26．

170. 缪春胜．英国城市规划体系改革研究及其借鉴[D]．广州：中山大学硕士学位论文，2009．

171. 高中岗．瑞士的空间规划管理制度及其对我国的启示[J]．国际城市规划，2009（02）：84-92．

172. 张京祥．对我国低碳城市发展风潮的再思考[J]．规划师，2010（5）：5-8．

173. 顾朝林，谭纵波等．气候变化、碳排放与低碳城市规划研究进展[J]．城市规划学刊，2009（3）：38-45．

174. 吴志强，肖建莉．世博会与城市规划学科发展——2010上海世博会规划的回顾[J]．城市规划学刊，2010（3）：14-19．

175. 张庭伟．规划理论作为一种制度创新——论规划理论的多向性和理论发展轨迹的非线性[J]．城市规划，2006（8）：9-18．

176. 吴志强，于泓．城市规划学科的发展方向[J]．城市规划学刊，2005（6）：2-9．

177. 李建军．保持我国城市规划学的科学本质——有感于当前我国城市规划实践的若干现象[J]．城市规划学刊，2006（4）：8-14．

178. 梁鹤年．中国城市规划理论的开发：一些随想[J]．城市规划学刊．2009（1）：14-17．

179. 朱介鸣．市场经济下中国城市规划理论发展的逻辑[J]．城市规划学刊，2005（1）：10-15．

180. 朱介鸣．中国城市规划面临的两大挑战[J]．城市规划学刊，2006（1）：1-8．

181. 周珂，王雅娟．全球知识背景下中国城市规划理论体系的本土化——John Friedmann教授访谈[J]．城市规划学刊，2007（5）：16-24．

182. Peter Hall，王红扬．规划：新千年的回顾与展望[J]．国际城市规划，2004（4）：23-34．

183. 杨东峰，毛其智，龙瀛．迈向可持续的城市：国际经验解读——从概念到范式[J]．城市规划学刊，2010（1），49-57．

184. 张鸿雁等．循环型城市社会发展模式——城市可持续创新战略[M]．南京：东南大学出版社，2007．

185. 吴缚龙，周岚. 乌托邦的消亡与重构：理想城市的探索与启示[J]. 城市规划，2010（3）：38−43.

186. 魏立华. 中国城市规划理论应立足国情[J]. 城市规划学刊，2005（6）：54−58.

187. Peter Hall. Cities of Tomorrow: An Intellectual History of Urban Planning and Design in the Twentieth Century [M]. Wiley−Blackwell, 3 edition（July, 2002）.

188. John Friedmann. The Uses of Planning Theory[J]. Urban Planning International, 2010（6）：6−14.

189. 吉尔·格兰特. 良好社区规划——新城市主义的理论与实践[M]. 北京：中国建筑工业出版社，2009.

190. Gert De Roo&Geoff. Porter. Fuzzy Planning—The Role of Actors in a Fuzzy Governance Environment[M]. England：Ashgate Publishing, 2007.

191. 曹康，王晖. 从工具理性到交往理性——现代城市规划思想内核与理论的变迁[J]. 城市规划，2009（9）：44−51.

192. （英）葛利德著；王雅娟，张尚武译. 规划引介[M]. 北京：中国建筑工业出版社，2007.

193. 张庭伟. 从"向权力讲授真理"到"参与决策权力"——当前美国规划理论界的一个动向："联络性规划"[J]. 城市规划，1999（6）：33−36.

194. Leonie Sandercock. Editoral. Planning Theory & Practice [J], Vol. 5, No. 2, 41−144, June 2004.

195. Philip R Berke, Maria Manta Conroy. Are we planning for sustainable development? ——An Evaluation of 30 Comprehensive Plans[J]. Journal of the American Planning Association, Vol. 66, Issue 1, March 2000, P21−33.

196. 汝小芳，王红扬，孙明芳. Scott Campbell理论对城市可持续发展规划的影响研究[J]. 华中科技大学学报（城市科学版），2007（6）：86−90.

197. 张庭伟. 城市规划的基本原理是常识[J]. 城市规划学刊，2008（5）：1−6.

198. 张庭伟. 技术评价、实效评价、价值评价——关于城市规划成果的评价[J]. 国际城市规划，2009（6）：1−2.

199. 王金岩. 空间规划体系论——模式解析与框架重构[M]. 南京：东南大学出版社，2011：190−226.

200. 董伟，张勇，何远光，等. 创建环境保护总体规划在大连社会经济发展中的战略地位及实施思路[J]. 环境科学研究，2010，23（4）：377−386.

201. 张京祥，罗震东. 中国当代城乡规划思潮. [M]. 南京：东南大学出版社，2013.

202. 左为. 对国土空间规划构建的思考：前提、基础、保障与支撑[EB/OL]. 2019−

01−16. http://ahjdjt.com.cn/display.asp?id=6729.

203. 林坚. 重构中国特色空间规划体系[EB/OL]. 2018−11−5. https：//mp. weixin. qq. com/s/tZM37TJZF5W−lJ0zOtTaqA.

204. 孙施文. 中国土地学会土地规划分会年会上的主题报告[EB/OL]. 2018−12−17. https://mp.weixin.qq.com/s/GB3_zCmuvSOO4WCy1zCIEA

附录 A 涉及空间规划体系的国家政策文件清单

序号	文件名称	重点内容	时间
1	中共十八届三中全会，通过《中共中央关于全面深化改革若干重大问题的决定》	通过建立空间规划体系，划定生产、生活、生态空间开发管制界限，落实用途管制。完善自然资源监管体制，统一行使所有国土空间用途管制职责。	2013.11
2	中央城镇化工作会议	建立空间规划体系，推进规划体制改革，加快规划立法工作。	2013.12
3	《国家新型城镇化规划（2014—2020年）》	建立国土空间开发保护制度。建立空间规划体系，坚定不移实施主体功能区制度，划定生态保护红线，严格按照主体功能区定位推动发展，加快完善城镇化地区、农产品主产区、重点生态功能区空间开发管控制度，建立资源环境承载能力监测预警机制。	2014.3
4	《生态文明体制改革总体方案》	构建以空间规划为基础、以用途管制为主要手段的国土空间开发保护制度。构建以空间治理和空间结构优化为主要内容，全国统一、相互衔接、分级管理的空间规划体系。	2015.9
5	《中共中央关于制定国民经济和社会发展第十三个五年规划的建议》	建立由空间规划、用途管制、领导干部自然资源资产离任审计、差异化绩效考核等构成的空间治理体系。	2015.10
6	中央城市工作会议	以主体功能区划为基础统筹各类空间性规划，推进"多规合一"。	2015.12
7	十八届五中全会	建立由空间规划、用途管制、差异化绩效考核等构成的空间治理体系。建立国家空间规划体系，以主体功能区规划为基础统筹各类空间性规划。	2016.3
8	《省级空间规划试点方案》	深化规划体制改革创新，建立健全统一衔接的空间规划体系，提升国家国土空间治理能力和效率。	2017.1
9	《深化党和国家机构改革方案》	组建自然资源部。主要职责是，对自然资源开发利用和保护进行监管，建立空间规划体系并监督实施，履行全民所有各类自然资源资产所有者职责，统一调查和确权登记，建立自然资源有偿使用制度，负责测绘和地质勘查行业管理等。	2018.3
10	《自然资源部职能配置、内设机构和人员编制规定》	负责建立空间规划体系并监督实施。下列内设机构：国土空间规划局、国土空间用途管制司。	2018.9
11	《关于统一规划体系更好发挥国家发展规划战略导向作用的意见》	坚持下位规划服从上位规划、下级规划服务上级规划、等位规划相互协调，建立以国家发展规划为统领，以空间规划为基础，以专项规划、区域规划为支撑，由国家、省、市各级规划共同组成，定位准确、边界明晰、功能互补、统一衔接的国家规划体系，不断提高规划质量。	2018.11

续表

序号	文件名称	重点内容	时间
12	《〈中华人民共和国土地管理法〉、〈中华人民共和国城市房地产管理法〉修正案（草案）》的征求意见	将落实国土空间开发保护要求作为土地利用总体规划的编制原则，规定经依法批准的国土空间规划是各类开发建设活动的基本依据，已经编制国土空间规划的，不再编制土地利用总体规划和城市总体规划。	2019.1
13	中央全面深化改革委员会第六次会议	将主体功能区规划、土地利用规划、城乡规划等空间规划融合为统一的国土空间规划，实现"多规合一"，是党中央作出的重大决策部署。要科学布局生产空间、生活空间、生态空间，体现战略性、提高科学性、加强协调性，强化规划权威，改进规划审批，健全用途管制，监督规划实施，强化国土空间规划对各专项规划的指导约束作用。	2019.1

附录 B 规划协调性分析问卷调查表

　　为实现统筹规划、高效管理。请您结合专业背景，参考相关规划的文本、图件，完成本次规划协调性分析调查问卷，感谢您的配合！

　　请在您所选答案编号处打"√"

　　一、您的专业领域

□ 城市规划　　　□ 土地利用　　　□ 环境保护　　　□ 发展改革政策研究

□ 城市社会学　　□ 公共管理　　　□ 法律　　　　　□ 其他

　　二、您认为当前对大连城市空间发展起重要作用的规划应包括？

□ 大连市国民经济和社会发展规划　　□ 大连市城市总体规划

□ 大连市土地利用总体规划　　　　　□ 大连市市区主体功能区规划

□ 大连市环境保护总体规划　　　　　□ 其他规划

可补充＿＿＿＿＿＿＿＿＿＿＿＿＿＿＿＿＿＿＿＿＿＿＿＿＿＿＿＿＿＿＿＿＿＿＿＿

　　三、您认为上文所选取的这些规划之间是否存在彼此不协调问题

□ 是　　　　　□ 不是

您认为其彼此间的协调程度属于

协调　　　　　　　□ 相互关联但协调性不足　　　□ 互不干涉

存有一定矛盾　　　□ 彼此冲突

　　四、如果存在规划间不协调问题，那么您认为造成彼此矛盾的原因在于？

□ 规划本身存在差异　　　　　　　　□ 规划外部因素存在差异

□ 彼此相容性差　　□ 彼此互动性低　　□ 专业分工限制　　□ 部门责权不清

□ 部门利益驱使　　□ 体制制度不健全　　□ 其他

可补充＿＿＿＿＿＿＿＿＿＿＿＿＿＿＿＿＿＿＿＿＿＿＿＿＿＿＿＿＿＿＿＿＿＿＿＿

　　五、您认为规划间的主要矛盾表现在哪些方面：

□ 规划思想　　□ 规划目标　　□ 数据指标　　□ 基本原则

□ 规划要素　　□ 空间布局　　□ 协作方式　　□ 联系互动

☐ 共享程度　　　　☐ 相互作用　　　　☐ 法定地位　　　　☐ 归属层级
☐ 职能领域　　　　☐ 政策倾向　　　　☐ 受重视程度　　　☐ 影响与控制力
☐ 其他
可补充＿＿＿＿＿＿＿＿＿＿＿＿＿＿＿＿＿＿＿＿＿＿＿＿＿＿＿＿＿＿＿＿

六、请参考为您提供的《相关规划比较表》中的内容，结合您的专业领域，对各项要素进行协调性评分（百分制）。

七、您认为这样的权重分配是否合理？
☐ 是　　　　　　☐ 不是
如存在不合理之处请给出意见＿＿＿＿＿＿＿＿＿＿＿＿＿＿＿＿＿＿＿＿＿＿

八、您认为要实现各规划的彼此协调可选取的路径？
☐ 交由某一职能部门统一编制　　　　☐ 交由人民政府统一编制
☐ 强制手段　　　☐ 冲突回避　　　　☐ 冲突妥协　　　☐ 第三方协调
☐ 其他
可补充＿＿＿＿＿＿＿＿＿＿＿＿＿＿＿＿＿＿＿＿＿＿＿＿＿＿＿＿＿＿＿＿

九、您认为有效的协调手段包括？
☐ 技术革新　　　☐ 法制建设　　　　☐ 机制创新　　　☐ 体制改革
☐ 其他
可补充＿＿＿＿＿＿＿＿＿＿＿＿＿＿＿＿＿＿＿＿＿＿＿＿＿＿＿＿＿＿＿＿

十、您认为理想的规划协调效果是？
☐ 统一编制、统筹规划、统一实施　　　☐ 以一概全消除矛盾
☐ 矛盾在所难免　　　　　　　　　　　☐ 承认差异性 但彼此间并行不悖

十一、您认为实现空间规划协调的核心（或落脚点）在于？
☐ 法规制度完善　　　☐ 部门改革　　　　☐ 赋予某一规划的核心地位
☐ 规划管理机制创新　☐ 空间管治的协调　☐ 其他
可补充＿＿＿＿＿＿＿＿＿＿＿＿＿＿＿＿＿＿＿＿＿＿＿＿＿＿＿＿＿＿＿＿
附表《大连市总体层面的相关规划比较表》　　　　非常感谢您的支持！

附录C 图表附录

图录

图2.1 多角度开展的空间规划协调研究 作者自绘

图2.2 20世纪90年代以来国外空间规划研究的新趋势 依据参考文献26改绘

图2.3 1909年以来英国城市规划体系的改革历程 引自参考文献170

图2.4 英国城市规划法规体系的基本构成 引自参考文献170

图2.5 英国城市规划的体系构成现状 引自参考文献170

图2.6 瑞士各级规划部门之间的审批和协调关系 引自参考文献171

图2.7 空间规划协调度评估框架图 作者自绘

图3.1 我国的规划体系 作者自绘

图3.2 规划理论与实践的发展历程 引自参考文献190

图3.3 规划师角色一个世纪内的变迁 引自参考文献192

图3.4 规划师的困境——面对可持续发展 引自参考文献196

图4.1 土地利用规划法规体系示意图 作者自绘

图4.2 城乡规划法规体系示意图 作者自绘

图4.3 环境保护规划法规体系示意图 作者自绘

图5.1 规划协调与规划转型的路径 作者自绘

图5.2 空间规划协调的误区 作者自绘

图5.3 城市管理与空间规划协调的相关维度 作者自绘

图5.4 城乡总体规划与土地利用总体规划用地分类对照 重庆市南岸区四规叠合方案

图5.5 政府管理制度改革的总体趋势 作者自绘

图6.1 空间规划协调的基本框架 作者自绘

图6.2 空间规划体系的内部结构 作者自绘

图6.3 空间规划协调的逻辑结构 作者自绘

图6.4 空间规划协调的动力机制 作者自绘

图6.5 制度创新框架 作者自绘

图6.6 空间规划体系的外部结构 作者自绘

图6.7 空间规划协调制度建设的保障机制 作者自绘

图6.8 规划协调性分析运作框架 作者自绘

图6.9 冲突解决的二维模式 参考文献155

图6.10 空间规划协调度评估框架图 作者自绘

图7.1 大连市主要燃煤设施整治图 《大连市生态环境保护"十三五"规划》

图7.2 大连市固体废物产业布局规划图 《大连市生态环境保护"十三五"规划》

图7.3 大连市矿山开采控制分区图 《大连市生态环境保护"十三五"规划》

图7.4 大连市饮用水水源保护区分布图 《大连市生态环境保护"十三五"规划》

图7.5 大连市近岸海域环境功能区划图 《大连市生态环境保护"十三五"规划》

图7.6 大连市环境风险区域红线图 《大连市生态环境保护"十三五"规划》

图7.7 大连市自然保护区分布图 《大连市生态环境保护"十三五"规划》

图7.8 大连市产业园区分布图 《大连市生态环境保护"十三五"规划》

图7.9 大连市陆域综合环境功能亚区分区图 《大连市生态环境保护"十三五"规划》

图7.10 大连市区域景观生态结构图 《大连市生态环境保护"十三五"规划》

图7.11 大连市生态空间结构与城镇发展格局图 《大连市生态环境保护"十三五"规划》

图7.12 大连市空间规划体系重构 作者自绘

图7.13 项目注册及管理程序图 作者自绘

图8.1 多样的空间管治区划图 作者自绘

图8.2 基于GIS平台的空间管治协调图 作者自绘

图9.1 目标与空间的关系图 参考文献166

表录

表1.1 一些重要组织对空间规划的定义 参考文献9

表2.1 德国空间规划体系构成 参考文献169

表2.2 瑞士各级政府空间规划的职责和权限 参考文献171

表3.1 空间规划体系的发展历程 作者自绘

表4.1 相关规划的发展阶段比较 作者自绘

表4.2 相关规划的法规体系比较 作者自绘

表4.3 相关规划的地位与作用比较 作者自绘

表5.1 空间规划转型的总体特征 作者自绘

表5.2 面向协调的规划管理制度举措 依据参考文献126由作者汇编

表6.1 传统管治与复杂适应系统管治比较 参考文献153

表6.2 解决冲突对策的有效性比较 参考文献156

表7.1 大连市总体层面的规划比较 依据相关规划文本由作者汇编

表7.2 大连市总体层面的规划协调性分析 作者自绘

表8.1	管制与管治的比较分析	参考文献13
表8.2	空间管治区划的功能比较	依据相关资料由作者汇编
表8.3	空间管治区划的功能比较	作者自绘
表8.4	空间管治区划的指标体系	根据参考文献162等汇编
表9.1	城市化与城市发展的历史演变	参考文献164

后 记

建立统一的国土空间规划体系是新时期国家的重要战略决策，根据国家关于建立国土空间规划体系并监督实施的要求，当前国土空间规划改革探索已经进入了关键期。然而，空间规划体系重构不仅仅是体系重构，更重要的是制度重构。空间规划协调的理论与实践将助力于此。

本书成文之际，感谢所有对此项研究给予帮助的人。首先，要感谢我的导师董伟先生，研究的成果凝结着您的智慧和对学生无微不至的关爱。您以严谨的治学之道、宽厚的胸怀、勤奋的工作与生活态度，为我树立了前行的榜样。感谢大连理工大学建筑与艺术学院孙晖教授与梁江教授，感谢您们对我的悉心指导，无论学习还是生活都倾注着您们的关怀。感谢北京大学冯健副教授的帮助和鼓励，经常性的学术探讨，让我受益匪浅。

本书得到了中国建筑工业出版社的大力支持，李东女士严于治学、一丝不苟，为该书的出版付出了辛勤的劳动，谨致谢意。

谨以此书献给我的家人。